地质工作掌中宝

地质构造素描

[德] Jörn H. Kruhl 著

张荣虎 曾庆鲁 曹 鹏 译

石油工业出版社

内 容 提 要

本书是一本实用性很强的野外工作指导书，详细介绍了显微镜下矿物组构、岩石手标本、典型沉积结构及区域地质构造等地质构造立体化素描的方法和技术，指出了图件清绘和报告编写的注意事项，同时也为读者提供了不同条件、不同需求和不同类型地区地质构造素描所需的必备实用信息和技术，是一本实用性、技术性很强的野外地质工作指导书。

本书对从事地质、矿产、石油、煤炭、冶金、核工业等行业地质人员及相关专业学生开展野外地质考察工作有很好的指导性。

图书在版编目（ＣＩＰ）数据

地质构造素描 /（德）乔恩 H. 克鲁尔
（Jörn H. Kruhl）著；张荣虎，曾庆鲁，曹鹏译. —北
京：石油工业出版社，2020.8
  书名原文：Drawing Geological Structures
  ISBN 978-7-5183-4033-0

  Ⅰ.①地… Ⅱ.①乔… ②张… ③曾… ④曹… Ⅲ.
①地质素描 Ⅳ.① P623

中国版本图书馆 CIP 数据核字（2020）第 102367 号

Drawing Geological Structures
by Jörn H. Kruhl
ISBN 9781405182324
First published 2017 by John Wiley & Sons
Copyright © 2017 by John Wiley & Sons
All Rights Reserved. This translation published under license. Authorised translation from the English language edition published by John Wiley & Sons Limited. Responsibility for the accuracy of the translation rests solely with Petroleum Industry Press and is not the responsibility of John Wiley & Sons Limited. No part of this book may be reproduced in any form without the written permission of the original copyright holder, John Wiley & Sons Limited. Copies of this book sold without a Wiley sticker on the cover are unauthorized and illegal.

本书经 John Wiley & Sons Limited 授权翻译出版，简体中文版权归石油工业出版社有限公司所有，侵权必究。本书封底贴有 Wiley 防伪标签，无标签者不得销售。
北京市版权局著作权合同登记号：01-2020-4240

出版发行：石油工业出版社有限公司
　　　　　（北京市朝阳区安华里 2 区 1 号　100011）

网　　　址：www.petropub.com
编 辑 部：（010）64523707
图书营销中心：（010）64523633
印　　　刷：北京中石油彩色印刷有限责任公司

2020 年 8 月第 1 版　2020 年 8 月第 1 次印刷
787 毫米 × 1092 毫米　开本：1/32　印张：6.625
字数：150 千字

定价：80.00 元
（如出现印装质量问题，我社图书营销中心负责调换）

中文版序

　　野外地质手工素描，是地质绘图多种方法中最原始、最基础的手段和技能，但也是一种观察研究和绘图的结合，它不需要艺术家的天赋，但必须有科学的严谨思维和善于抓住本质与突出重点的眼力，去粗取精、去繁化简、去模糊取清晰，在似像非像中出神入化。

　　由杭州地质研究院张荣虎等人翻译的《地质构造素描》小册子，指导我们如何用手工素描的方法通过线条的变化、颜色和设计的图例与其他策略准确且直接地表达真实地质信息和难以用语言表达的复杂关系。

　　全书分为6章，第1章绪论。介绍为什么要素描、使用的工具、地质组构的分形几何和素描的基本规则。

　　第2、第3章岩石薄片和样品切片。岩石薄片或切片在显微镜下是一个花花世界，繁花筒，要用地质学家的睿智和锐利的识别力去解释炫目的七彩世界，并用灵巧的双手绘出真实的世界，给人以美感。介绍了不同的素描工具、方法和薄片的绘图方法，特别是通过三维结构画出的截面薄片图，真让人叫绝，突出了显微镜下的最主要矿物和特征组构，使矿物和岩石特征一目了然，比包罗万象的照片更清晰。

　　第4、第5章岩石构造三维绘图和地质立体图。介绍三维立体图的绘制基础、方法、技术和要素，如页理矩形块体、轴部倾斜褶皱和正片麻岩、片岩及角闪岩的互层演化图等画法与技巧，使岩石之间关系错落有致，且各类岩石特征十分清晰明了。

第6章解决方案。实际是一次素描的练习，通过练习以学会用线条去表达自己的地质思想和地质愿望。

总之，这本小册子携带十分方便，对地质科研工作者、现场地质人员及中等和高等学校的教师和学生都是良师益友，是一本野外很实用的参考书。

顾家裕

2020年5月于北京

译者的话

野外素描是地质工作者的基本技能，观察地质客观现象、描述地质运动规律、展示地质科研思维都离不开野外收集到的原创性地质图件。

手工素描是地质绘图多种方法中最原始、最基础的手段，也是最具地质思维和艺术效果的传统方法。在科学技术发展日新月异的智能化、数字化及信息化的今天，手工素描还有存在的必要吗？本文作者Jörn H. Kruhl（德国慕尼黑工业大学退休的资深教授）给出了肯定的答案，他认为手工素描是地质学家采集地质信息、处理地质资料、解释地质现象不可或缺的手段。

作者用生动形象的语言，从手工素描所采用的纸张、笔墨说起，逐步介绍了显微镜下矿物组构的绘制；岩石样品（切割样）的绘制；野外露头岩石结构、沉积、构造特征的二维、三维图形绘制；较大区域地质构造立体图的绘制；用非欧几何（分形几何），依据幂律原理，展示复杂的地质体特征。

作者详细介绍了手工地质素描的基本方法和基本原则，相信跟着他书中介绍的思路和方法一步一步地练习，哪怕你没有达·芬奇的艺术天赋也能绘制出严谨而科学的地质图件。

本书译者长期奋斗在塔里木盆地石油和天然气勘探研究的第一线，对盆地周缘典型露头特征和重点钻井岩心资料熟悉有加，深知露头地质特征精炼描述和显微结构抽象表征相互结合是地质工作者智慧灵感的源泉、创新突破的法宝。一直以来想寻找一种既不失传统优势，又能体现当今数字化露头技术所不及的研究方法，以展现地质工作者的智慧光芒和艺术美感，如今该露头地质素描方法一书可能是最佳选择之一。

谨以此书献给广大的地质工作者、科学研究者和业余爱好者，通过阅读本书能学会地质素描的基本方法，在地质科学的神圣殿堂里，勾勒自然界奇妙变幻的结构，留下流光溢彩的原创型手稿图件。

Jörn H. Kruhl退休前是德国慕尼黑工业大学的地质学教授，曾获得德国波恩大学博士学位，并在美因茨、萨尔茨堡、柏林和法兰克福等大学承担研究和教学任务。几十年来，他在许多地区和造山带从事地质考察活动，从野外到显微镜下，从宏观到微观研究岩石组构和地质构造。

前言

素描不是我的强项。我第一次尝试在纸上描绘野外岩石结构，结果以失败告终。无论是图纸的图形质量还是内容信息，我花了很长一段时间才能够半准确地将地质构造画出来，同时也学会了象征性绘画技巧及将大尺度露头素描和框图结合起来，进而不断提升它们的识别价值和应用前景。

在早期的野外工作中，格哈德·沃尔(Gerhard Voll)是我的榜样和伙伴，他向我展示了如何做到地质学和艺术相结合的复杂素描方法。在后来的研究领域和手绘素描中，我的许多学生从一开始就比我当年的水平更高。幸运的是，绘制地质构造并不需要特殊人才，只需要观察和不断实践来掌握绘制地质体的基本规则。

素描的一个特别的优点是要求我们仔细观察。相机的拍摄不能做到这一点。素描的时候，必须从地质学的角度来评估所画的东西。因此，不仅是图纸，还有素描的路径都是与之相关的。手工绘制并不是过时和多余的，即使在数字时代，它也是迫切需要的，因为它教会我们观察和反思，它促使我们精力集中和专注。这本书讲的是把素描作为一种语言——一种可以准确而直接地表达地质信息的语言。与艺术相反，地质图不是为个人观点而开设的，它的主要目的是捕捉野外地质结构的地质信息并加以表示，以便观测者能够正确地解释它。

此外，图纸可以有效和快速地存储地质结构中包含的信息，同时也为我们提供了一个高信息量的档案。

这本书是一本地质实习指导书，它包含了一些示范练习。除了基础知识，地质制图只能在有限的范围内通过实践培训来学习。

人们通过观察岩石和显微镜下的微观结构，并可以直接画出来。为了有效实践，必须到野外或显微镜下，或者如果必要的话，在地质露头采集中寻找合适的样本。这是用不同的方式观察地质结构的唯一方法——在露头处绕着岩石走一圈，从近处和远处观察它们；用地质锤破开岩石的新鲜表面，或者在显微镜下通过不同的放大倍数和其他条件进行观察。

本书旨在通过不同的岩石和地质结构来激发这种实践，并通过举例说明素描的众多可能性及其从开始到完成的各个阶段。本书的另一个重点是如何在大量信息内容和快速观察这些信息的情况下优化地组合绘图。

此外，本书的主要目的是鼓励在实际工作中应用素描，包括在这些讨论以外的领域！

有一点也很重要，本书中介绍的地质符号并不是一成不变的规则。就像每一种语言一样，它是灵活和开放的。尽管素描的基础可能保持不变，但每个人都可以用自己的方式来解释规则，开发新的绘画模式，并变成自己的"行话"。

出于教学的原因，这本书中的许多稿件经过了修改或重新设计。

然而，有几幅素描图是直接从我的野外书籍或显微镜观察笔记上取下来的。它们是不整洁的，存在粗线、错误和更正，并不总是遵守规则，但反映了真实的情况，把素描当成是一个日常工作的工具。只要有可能，这些图都是按原来的比例绘制的，或者至少没有大幅缩小。当然，能够画出干净美观的素描是很棒的（甚至对于某些目的是必要的），然而画出粗犷的线条也是自然的常态，速写是地质科学工作的"日常"。

这本书的资料基础主要是基于我自己的实际工作，通过无数的显微照片和几门绘画课程而建立起来的。学生和同事的鼓励总是令人振奋的。

谢谢你们!

此外，我还要感谢Tom Blenkinsop，他鼓励我写这本书；审稿专家Hevbert Voßmerbaumer积极推动这本书的启动；以及相当多的匿名审稿人，他们对这个项目的评价是慷慨和正面的。这本书的手稿显然得益于Uwe Altenberger, Annette Huth和Matthias Nega的仔细检查，对此我深表感谢! 最后不能不提，我要感谢本书的编辑人员，他们以极大的耐心陪伴着这本书走过了整个出版历程。

在多年的编著过程中，尤其是Ian Francis、Kelvin Matthews和Delia Sandford，他们以友好而平静的态度接受了我以手稿尚未完成而找的无数借口。还有Somjith Udayakumar、Ramprasad Jayakumar和Arabella Talbot，他们在编辑阶段校审了本书的全部内容。

Jörn H. Kruhl

2017年1月

目 录

第1章　绪论 // 1

1.1　为什么需要素描？ // 6

1.2　工具 // 12

1.3　素描尺寸 // 14

1.4　地质素描与艺术素描对比 // 15

1.5　带符号的素描 // 17

1.6　真实感素描 // 23

1.7　地质组构的分形几何学 // 27

1.8　地质素描的基本规则 // 31

参考文献 // 32

第2章　岩石薄片 // 35

2.1　作为一种显微镜观察形式的素描方法 // 38

2.2　利用各种工具素描 // 39

2.3　薄片素描的基础 // 40

2.4　显微镜下的矿物及其特征组构 // 45

2.5　快速记录的示意图 // 57

2.6　绘制精确薄片图 // 64

2.7　薄片手工素描的数字化改进 // 83

2.8　数字素描 // 87

2.9　总结 // 89

参考文献 // 92

第 3 章　岩石样本切片 // 95

3.1　素描的地质信息 // 96

3.2　矿物示意图 // 99

3.3　岩石及其结构示意图 // 101

3.4　素描编制 // 106

3.5　不同尺度的图示 // 109

3.6　切割样品的详细素描 // 111

3.7　总结 // 116

第 4 章　岩石构造三维素描 // 119

4.1　基础 // 121

4.2　三维示意图绘制过程 // 128

4.3　野外素描 // 155

4.4　数字处理 // 166

4.5　标注原则 // 166

4.6　总结 // 169

参考文献 // 171

第 5 章　地质立体图 // 175

5.1　基础 // 176

5.2　方向与延伸 // 179

5.3　附件及标注 // 184

5.4　数字处理 // 186

5.5　总结 // 187

参考文献 // 187

第 6 章　解决方案 // 191

第 1 章

绪论

"你当然应该画一画！你应该画出所有可以绘制的东西……"

"但是，教授，我没有艺术天赋！"

"你不需要有！你无须创作艺术，而素描只是和你写作一样。首先，素描可以使你学会更好地观察，因为素描笔迫使眼睛仔细观察并详细说明事实，因为素描是指导性观察；其次，因为素描通常是最短且最好的描述形式。为此，你不需要任何天赋，只需要勤奋及一点指导……"（Hans Cloos，1938）

素描是人类的基本能力之一，这需要练习。达·芬奇（Leonardo da Vinci）或阿尔布雷特·丢勒（Albrecht Dürer）采用的素描创作技巧能够给他人带来有用信息、美学及快乐，这显然不同也并不适用。地质对象的素描水平是任何人只要通过一些实践及遵循一些规则即可达到（图1.1）。

当谈论素描时，通常是指艺术绘画。以达·芬奇（Leonardo da Vinci）来说，他是文艺复兴时期的杰出画家、雕塑家、建筑师、博物学家及工程师，包括技术或科学绘画。但在后来，艺术家很少是科学家而科学家也很少是艺术家，专业划分更加明确。亚历山大·冯·洪堡（Alexander von Humboldt）"衡量世界"，埃梅·邦普兰（Aimé Bonpland）对其进行了勾绘。卡尔·冯·林奈（Carl von Linné）将物种分类系统化，而玛丽亚·西比拉·梅里安（Maria Sibylla Merian）则绘制了昆虫与花卉图，约翰·詹姆斯·奥杜邦（John James Audubon）则著述了《美洲鸟类图谱》。只有少数艺术家勾绘地质现象（除了无所不在的歌德之外），如罗伯特·贝特曼（Robert Bateman）："我喜欢画岩石，一种叫作片麻岩（是变质岩）的花岗岩（是火山岩），使用稀疏的蓝绿色、粉红色、黄色及灰色来绘制。当我画岩石时，我喜欢传递出它们的地形地貌特征且在地质学上是可识别的"（Terry，1981）。正是地球科学家，比如Clarence E. Dutton（1882）或Albert Heim（1921），开始用艺术家的眼光观察岩石及其结构特征（图1.2）。

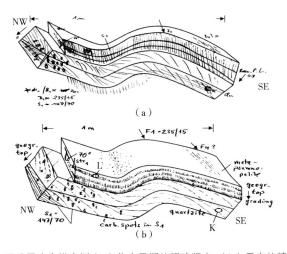

图1.1 野外露头素描实例（a）作者早期的粗略版本；（b）后来的精细版本
（a）莫伊尼亚（Moinian）[苏格兰利文湖的格兰屏（Grampian）高地]的砂屑泥质岩与石英岩层中的单斜褶皱；野外素描；露头KR513，野外指导书第6版（Kruhl，1973），该图包有许多缺点。最重要的是线条布局不精确、投影不合理及砂屑泥质岩层中页理面的定位不正确；（b）多年后重新绘制同一素描图；交错层理与S_1页理面的位置更为精确；投影正确，故该素描图的三维显示效果更好；碳酸盐斑点显示出更真实并且标注与构造特征更密切相关；圆圈L与K表示样品的位置；两幅绘图都是A6大小；黑色圆珠笔绘制

现今，结构性素描（即技术素描）几乎完全由计算机完成。学术（特别是科学、地质问题）素描与自动化操作相抵触，因为自然界很少存在直线形式的。地质目标（如岩层、褶皱、火山岩脉、页理面、节理及晶体轮廓）都无法用欧氏几何形状来表示。这不是精

确度的问题，而是所有这些物体的形状不仅仅是欧式几何形状的偶然变化。现今已知许多自然现象都不是线性的，往往是非欧式形状或分形几何形状（Mandelbrot，1983）。许多地质现象看起来很复杂，通常需要借助定性描述（缝合、磨圆、变形虫状）或图板进行表示，如砂粒的圆度。这些图像通常与特定名称（棱角状、次棱角状、次圆形、圆形）配合，以确保书面描述的准确性。只有在使用分形几何对其进行量化时，才能真正精确地描述复杂地质构造。在绘制地质组构时使用这些规则是很值得的，其自然性及贴近现实性往往令我们收获良多。

图1.2　大峡谷（Grand Canyon）的部分绘图
毗湿奴神庙（Dutton，1882）：艺术、地质及地貌代表的完美组合

尽管科学素描是基于很多艺术绘画规则，但它也有许多自己的准则。因此，地质素描需要不同的规则，部分来自艺术绘画。然而，地质构造通常是不规则的，但并不意味着必须通过"不规则式"或"分形式"进行素描。示意性、欧氏素描是有原因的，这就是为什么地质素描必须在逼真与抽象表现之间左右平衡。这并不容易，何时更真实地绘制、何时抽象表示更有效及如何在两者之间建

立平衡的问题将在后续章节详细讨论。

　　然而，所绘制的内容必须在技术上得以理解与解释。这是选择与区分地质上重要与不重要东西的唯一方法。"正是这种理论决定了那些能够观察到的东西"（Einstein，1955）。或者，换句话说："你只看到你所知道的"（Weizsäcker，1955）。当转移到地质组构素描时，这表示只看到已拥有的构思模型。我们只看到了期望的地质组构，并且已在我们的知识库中。尽管这看起来有点严格，但事实上很难理解并经常忽略不知道的结构，而这些结构也不是经验知识的一部分。

　　当然，从根本上而言，即便是意想不到的或不寻常的也是可以察觉到的，但这很难，因此在绘制之前需要准确地观察结构。如果首先解释，那么可以更容易地察觉那些意想不到的或不寻常的，并将其融入知识与经验中。这个过程可能很耗时并且会产生困难。尽管如此，绘图本身、观察与绘制地质目标的物理过程是任何人通过一点点实践即可达到的。而且，无论如何，"糟糕"的绘图要比没有绘图更好！

　　地质绘图的某些方面与地质图及不会涉及的剖面结构相关，因为它们过于偏向技术绘图领域。为此，需要有足够数量的好书，尤其是可以在线培训这些技术的网站。

　　此外，这本书不是关于绘制化石的。尽管化石绘图在很多方面与地质组构素描相吻合，但仍然存在一些基本偏差，如物体逼真度，这对于化石绘图是必不可少的，但在绘制地质组构时反而是一种障碍。本书主要是关于：

　　（1）如何在不同尺度上表示地质目标；

　　（2）表示的目的如何影响表示的性质；

　　（3）如何在地质组构素描中必须保持详细表示与抽象表示之间的平衡；

（4）如何实践这一切。

从小到大、从薄片到露头、特别是露头总体效果，从二维表示到三维表示。之所以选择这种顺序，部分原因是二维表示在技术与原理上更容易，并且首先看到三维物体的二维表面；其次，大型地质对象由许多小块组成，如果了解了细节，就能更好地理解更大的绘图。

本书旨在作为自学目的的练习手册。它应该保留有趣的结构、以图形表示的形式。侧重于自己的地质数据集及在野外偶尔用纸和笔替换相机。此外，本书旨在推动使用精确素描的好处，特别是在精确度与简洁性方面（如在出版物中）。最后，我希望本书中表示方法所展示的地质组构不仅具有科学价值，同样还因其复杂性及美学价值而值得关注。

1.1　为什么需要素描？

任何人不可能在不借助于素描（或照片）的情况下描述薄片、岩石样品或地质露头。与图件的表现力及丰富细节相比，口头或书面文字方式描述都是不充分的。素描与照片可以立即表现那些原本需要花费更多时间来描述的东西。由于绘图可以数字化，因此素描信息的电子存储与处理都是可以轻而易举完成的。

素描与照片之间没有强烈的冲突。摄影是一种快速简便的记录方式。拍照时，可确保分辨率范围内的所有细节都能得以保留。即使是小尺度下，也可以获取到无法在绘图中反映或绘图中需要花费大量时间的细节。那些参与野外考察的人若是碰上急不可耐的领导，一路风尘仆仆，他们会感激相机带来的好处。如果对于沉积构造良好的露头或者复杂褶皱留有20min，那么可以将野外手册或速写簿放在口袋中，当然这里要有人属于那些小规模且有天赋的精确快速素描小组的一员。

另一方面，当从杂乱的小细节中过滤出基本组成时，照片就已达到了极限。谁没拍摄过看起来清晰而令人印象深刻的露头，甚至是岩石薄片，然后，在纸上或屏幕上显示为黑色或白色或彩色，只是作为一种不可分割的扭曲基本要素的细节混合物？此外，照片还捕获了不重要的周围环境信息，提供了不需要的信息，就好像必须随身携带干扰负载。计算机辅助摄影可以平滑表面，从而将细节过滤的照片转换为类似示意图的表示（Hayes，2008）。然而，这种技术仍处于早期阶段，对于具有复杂且精细结构的地质目标有多大用处，特别是如果编辑照片效果超过了示意图显示，还有待进一步观察。

对于三维对象，它可能特别不适于拍摄，毕竟照片只能提供这些构造特征的二维视图，即使在二维露头面上，也都是三维的，并且在三维中可包含的信息要比二维更多（图1.3）。在透视绘图时，可以（解释性地）在二维纸上更清晰易懂地捕捉三维构造。这同样也适用于显微镜观察：大脑可以更好地区分重要与不重要的信息，并过滤出存在疑问的构造特征。如果不是因为成岩影响使得具有美感的斜长石孪晶转变为"丑陋"的小矿物颗粒混合物，或者将所有特点突出的石英变形结构覆盖上微裂缝网，那么变形与变质组构会是具有何等美感且清晰可辨。

这意味着在强调细节或省略非重要信息的时候，以及在三维空间上进行三维表示时，素描都很重要。这是一个符合科学规律的结论！示意图的优势在于突显、省略及组合原来不在一起的内容。一个人绘制一幅图，以满足必要的要求。乍一看，这可能是"不科学的"。保真度并不是最重要的，值得努力的是科学记录与构造解释。

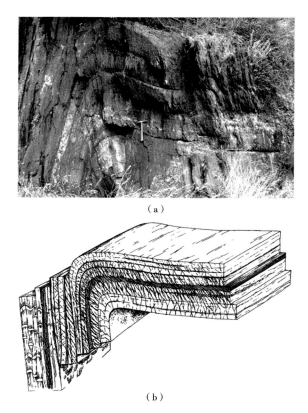

（a）

（b）

图1.3　Spitznack褶皱照片及素描（据Zurru and Kruhi，2000修改）

（a）"Spitznack"褶皱照片，（德国莱茵地块莱茵河中部区域Loreley附近）。厘米至分米级厚的变质砂屑泥质岩层弯曲成张开的单斜褶皱。层理边界由水平褶皱翼上的高密度裂缝网络与垂向褶皱翼上的弱低密度裂缝及亮度差异表示。此外，可以识别出片理，其由窄间距、几乎平行的裂缝表示。水平翼上的片理较为明显，且呈陡峭状，在褶皱脊上呈扇形，在陡峭的褶皱翼上几乎不可见。其他组构细节无法识别出。地质锤作为尺度参照物。（b）相同褶皱的示意图。根据小突起及其上面可识别的组构，将二维平面视图补充形成三维立体图。突出显示的部分有：①将变质砂屑泥质岩层中片理划分为两组不同的页理面；②泥质岩层中埭形片理；③具有明显平行层理的页理面上出现的拉伸线理；④陡峭褶皱翼上的挤压与剪切石英脉；⑤具有陡峭平行层理的剪切面上出现的擦痕面。所有这些构造特征在照片中都是不可见的，只有通过仔细观察褶皱才能发现原始绘图大小B4，更为全面的绘图结果如图4.27所示当然，在这种可视构图中，不属于一起的构造不应该放在一块，也不会出现其他的甚至错误的解释。但绘图并不纯粹是为了记录，它可以传达观点与想法。由此可见，绘图必须始终包含解释。严格而言，没有解释就很难进行绘图，因为即使是省略过程同样也是一种解释工作。地质立体图（第五章）是最令人印象深刻的解释结果形式之一。在立体图中，个别露头的详细图片可以合并至图像中，其既不按比例缩放也不必显示那些自然界中彼此相邻出现的事物。立体图的要点是代表地质区域大尺度构造的原理。因此，立体图是绘图者制作的给定区域模型。

素描可有助于地质学家完成日常工作。素描示意图保留了原本无法进行拍摄或过于复杂的细节存储（光线条件差、细节太多、植物覆盖等）。当在讨论中为自己假设辩护及试图直接向不熟悉这些假设的搭档描述露头印象时，素描就变得不可或缺。即使在进行构造如何发育的动画演示中，素描也同样非常适合。在任何情况下，必须掌握地质素描，以便准确有力地素描。

在显微镜中，素描用作辅助保存。它们有助于记录薄片观察时出现的其他短暂印象。在这方面，与费力的摄影方法相比，绘图是一种有效的记录形式。然而，这种绘图确实需要不同于露头、岩石样品的独特风格，或者说是精确的素描风格。

素描甚至可以方便资料处理工作。如果想根据野外指导书来评估特定区域内某些地质组构（如页理或剪切带）发生的频率与位置，即使只是快速翻阅野外指导书中的素描也可以给出粗略的概念。在文本中搜索这些信息可能非常耗时。此外，素描与文本（标注）之间的紧密联系丰富了信息内容。甚至可以从人们在野外没有注意或记录下的精细素描中获得特定信息（如线理与页理面的空间关系、节理相对于层面的走向）。

也许素描最突出的特点是作为一种重要的思考手段（Larkin & Simon，1987）。实验可以提供"类比"的证据，即大脑中信息的视觉处理（Brooks，1968；Shepard & Metzler，1971；Metzig & Schuster，1993）。避免言词僵化的一种技巧就是从视觉图像的角度来思考，而不是完全不使用言词。用这种方式连贯地思考是完全可能的。

思维的视觉语言利用线条、简图、颜色、图像及许多其他策略来阐明普通语言难以描述的复杂关系（De Bono，1990）。

素描就如同写作一样（在很多情况下更适合！），用于整理及组合想法。在素描时，非重要信息可以与重要信息区分开，形成新的想法，旧的想法也可以具体说明。它也可以解决想法是否可用，以及是否可转化为符合逻辑且具有一致性的模型。因此应该在讨论、解释甚至思考时尽可能多地素描，同时探讨或思考的内容应始终以简单的示意图概念化或附有示意图。这样的素描可以丰富想象力（其他人的想象力），并有助于切入主题。

最后，借助素描可以更有效地保存细节信息。"以素描形式呈现的材料或视觉表现能够特别容易且永久地保存下来"及"许多具有创意的思想家的描述明确了素描式思想的过程及由此产生的创造性行为（如Poincaree，Kekule，Heisenberg等）"（Metzig & Schuster，1993）。在研究中同时也突出了示意素描图相比于艺术性、详细而广泛素描的优势。"因此，与轮廓图像相比，细节的展开并不会导致存储的改善（如Angin & Levie，1985）。事实上，无关紧要的图像细节在呈现后很快就会忘记"（Rock et al，1972）。尽管大脑非常适于处理视觉信息，即便不能保存单个细节的原样复原，"但是，存储的视觉原型仍然可以用于形成大脑图像"（Metzig & Schuster，1993）。

实例1.1

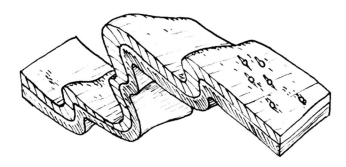

　　包含所有地质相关信息的褶皱构造的描述；向同学或同事描述褶皱并让他们画出褶皱。将所绘图与所提供的褶皱素描示意图进行比较。

注意事项：

　　什么是地质相关的？当然是褶皱的单斜形式。它指的是顶部向左移动（如示意图中所示）。此外，素描图中部分细节及其几何形态可以与地质结构及作用过程相联系，如下所示：

　　（1）褶皱翼之间的角度约为50°~70°，且"适度"缩短；

　　（2）"光亮"层，呈扇形，具有间距较宽的页理面，其组分中富含石英，而云母含量较少；

　　（3）"阴影"层略呈桩形，页理面间距较窄，组分中富含云母；

　　（4）下层无页理的上边缘处具有粒序特征（无云母相对富含云母）及由此产生指向地理位置下部的"地层向上"现象；

　　（5）略微变薄的褶皱翼及变厚的褶皱脊（同样也在富含石英的岩层中）存在石英的晶体塑性变形作用，相应地，变形温度高于300℃；

　　（6）褶皱轴呈略微弯曲的形状，具有明显的岩石层晶体塑性变形特性；

（7）此外，层上的线理（具有优势方位的云母与长石变晶、石榴石变晶）提供了以下事实：①第一次变形事件（D_1）的页理已平行于该线理，由此，该褶皱代表了第二次褶皱，示意图显示的页理代表了第二次页理；②第一次变形事件（D_1）的延伸大致垂直于D_2褶皱轴，因此，D_1与D_2过程中的运动体系可能走向相同。

可能你会注意到当前褶皱图与根据描述得到的褶皱图之间存在差异。

1.2　工具

野外素描时所需要的唯一材料就是笔和纸。用笔画的线条必须要清晰整洁。素描纸应该是光滑的（但不要太光滑）且空白的。光滑的纸张保水性较差，从而可以使得线条整洁清晰。但是，如果纸张太光滑，那么用笔易滑。线条纸或方格纸会干扰素描及扫描。在用于艺术绘画的所有用具中，地质素描领域中最实用的用具主要有铅笔、毡头笔及圆珠笔。铅笔通常推荐用于野外素描。但是，它在大多数情况下并不是特别有用。如果不想频繁地削笔以避免笔尖变粗、笔画变得不准确，那么必须使用硬铅笔。然而，这会产生暗淡、低对比度的素描图，需要大脑费力地理解、解释。即使快速翻阅野外指导手册，也可以更快地鉴别及比较高对比度的素描。

与铅笔相比，黑色圆珠笔或带细线的防水毡头墨水笔可在素描中表现得更好。圆珠笔还具有根据握笔压力产生不同粗细的线条，而不需要连续地削笔的优点。防水毡头墨水笔的线条会在粗糙纸或潮湿的纸张上渗色。防水纸价格昂贵，或者只能在野外指导书（防水笔记本）中使用，其设计并不总是有利于素描。然而，假如使用大的雨伞（对于任何野外地质学家而言，这是最重要的装备）则可以避免纸张潮湿。但是，如果是倾盆大雨，那么除素描之外的野外工作都是无用的，因为在潮湿岩石中很难观察到细微的构造。最好留在客店，为下一个野外工作日做好准备、评估前几天的素描结果，或享受一些当地的特色美食。不能简单地擦除划线，逐步培养素描精确度并学会在素描前仔细斟酌。铅笔素描会使得（特别是初学者）素描模糊不清，以及隐藏阴影等不准确的观察结果，或沉溺于自己的艺术天赋中而不能自拔。即使知道可以删除"错误"的线条也会导致素描工作不专注。

尽管显微镜观察时很少下雨，但上述情况也适用于快速记录薄片示意图。细且高对比度的圆珠笔或毡头笔线条可增加能够读性。绘图过程中必须仔细观察并在绘画时集中注意力，同时避免使绘图呈"艺术性"扩散。

但是，要在文章或出版物中出现且绘图准确则需要更好地绘制，最好以野外观察或薄片示意图作为参考，首先要在新纸上以铅笔绘制。此处，保留所有修改的可能性是较为合理的。这些绘图应该用墨水笔整洁地描摹出，以确保明确且恒定的线宽。要获得干净细致的素描，最好在大的描图纸上采用墨水绘制。描图纸不能太薄，这样方便清晰地修改以获得精确的线条。在数字化缩小尺寸过程中，任何剩余误差都会消失。

采用素描标准进行素描特别普遍。如果忽视这样的事实，即这些方案对于那些时间充足的人来说是一个很好的消遣，那还有什么呢？如今软件与硬件对普通人越来越普及，大尺寸且详细的素描并不令人满意，或者只有付出很大的努力才能完成，因为只有少数人真正知道如何专业地采用素描标准。通常而言，对于初稿及修正部分，其花费的努力比手工素描要高得多。利用计算机软件化进行绘图会更显著且过度地强化素描的"符号性"（第1.3节）。因此，数字绘图对本书中讨论的所有类型素描（即薄片、样品、露头图与立体地质图）都没有用。

然而，这些素描标准仍然可以在示意信息很重要的地方使用。例如，可以保持相对示意性的条形图或地图，或者作为模板重复使用的绘图。这些素描标准也非常适合手动完成素描的示意图创作（第2.7节）。借助于适当的成像软件，利用那些可以更好地进行示意性绘制的东西（标注、指北箭头、比例尺等）来扫描手工素描及补充素描是非常有用的。还应该使用这些标准的修正可能性，甚至其他功能（如增强对比度、线条增宽或线条细化及线条锐化）都应该得到良好利用。

1.3 素描尺寸

地质素描的大小，无论是快速绘制的露头素描图、薄片素描图，还是为出版物精心创作的绘图都受到其顶、底部界线的限制。绘图越简单，其包含的细节越少，绘图尺寸就越小。片麻岩示意图，除了一些页理外还包含一些长石变晶，其大小不需要超过约6cm×4cm。对明显包含更多构造或复合块图像及薄片结构复杂的岩石而言，其示意图需要至少15cm×20cm的面积（即A5大小），在某些情况下甚至需要更大的面积。

线条不能任意细，而且绘图纸不能任意大。无论是墨水笔、圆珠笔还是铅笔，0.1mm代表可生成线宽的下限。由于绘图中的线宽会发生变化以提高绘图的可读性及可解释性（第2.4节、第3.3节），因此线宽通常明显高于0.1mm。但是，小图中的细节不能用粗线表示。因此，线宽限制了绘图的大小。

当然，可以在出版（文章或数字化）中实现较小的线宽。在文献中，可以找到大量复杂立体地质图的例子，这些立体图从1m²大小的模板缩小至A3或甚至A4大小版式的面积（第5章）。它们包含的线条宽度远小于0.1mm。但这些都是例外，其对于日常野外素描或显微镜下的日常绘图并不重要。

对于薄片绘图而言，约15cm×20cm（A5大小）至约20cm×30cm（A4大小）的面积是较为方便且实用的版式。这同样适用于样品或露头绘图的"最终草图"，并且根据我的经验，也适用于在野外完成的素描。野外素描通常是逐渐创作完成的。逐步观察结果是不断建立的，并添加至初始素描中，但添加方向往往无法选择（第4章）。这意味着野外指导书尺寸应该是大约15cm×20cm（A5大小）（或稍小）。这就允许"标准图纸"最大尺寸可以为A5大小，并提供别的尺寸可能性，如果有必要，可将图纸扩展为A4大小。

更大的野外指导书是不切实际的，因为它们通常不能放在夹克口袋或腰包中。考虑A6大小的野外指导书只提供大约A5的双面绘图区域，但作为"官方"地质野外指导书这种尺寸太小了。再加上粗铅笔素描，那么不可能完成精细素描。

1.4　地质素描与艺术素描对比

两类素描之间有相似之处及不同之处。艺术素描与地质素描都不注重精确地再现物体。然而，两者都需要：（1）观察；（2）物体与素描之间不断切换时保持观察对象清晰可见；（3）解释所观察结果。素描与摄影再现无关，否则它无法在摄影发明及其发展到现在的数字处理现状下存活下来。当然，这并不影响每张照片都是一种解释的事实。

尽管如此，艺术素描与地质素描之间的差异仍然很大。对于擅长艺术绘画的人而言，地质素描可能更容易，尽管这种绘画能力肯定会对地质素描造成某些阻碍。Betty Edwards（1979）解释了为什么会这样。她详细阐述了学习绘画的问题性历程，并提供了许多有用的实践及自学指导。

直到10~12岁，孩子们才能画出人物线条画、线条式房子、环形线圆圈的太阳。在素描时，他们使用符号表示他们试图表示的每个对象。当他们慢慢长大，天赋显现或参加优秀的艺术课程时，他们开始更准确地表达事物。这就是所谓的"艺术绘画"。物体轮廓不再以线条表示或转化为符号；相反，绘制出一幅通过浮现光影方式所表达的摄影般图片。但是大多数人的绘图水准穷其一生都是保持不变的，不是因为他们缺乏天赋，而是因为没有人向他们展示过不同的绘图方式。

通过语言接受培训，对事物进行分类并命名。同样为每个对象或对象类保留了一个符号。如果画一张桌子或一个人的鼻子，那么只要画出相应的符号即可。必须以这种方式对环境进行分类，以便思维能够快速有效地运作。但如果想要准确地描绘事物，必须采取不同的方式。必须尽可能准确地观察。这很难，需要时间，必须学习。这里有很多关于这个主题的好书（Edwards，1979；Sale & Betty，2007；Jenny，2012）及很多在线课程网站。

艺术性、代表性素描与光线、阴影的渐变可以同时发挥作用，而物体与素描之间不断切换的视角是素描示意图的完成方式。指导素描时，手的移动与培养注意力集中与节奏感一样重要，这些有助于平静左脑半球的逻辑思维，它总是寻求施加一系列符号。

即使是地质素描，也会仔细观察并尝试在纸上准确地表示物体或图像。但是与此同时，必须过滤那些非地质相关的并省略非重要性信息。这表示当绘制地质组构时，其实已经在进行解释了，而且需要进行地质解释。首先，没有足够的时间来表示每个细节的一切信息；其次，基本要素不得为琐碎的细节所覆盖；第三，绘图旨在记录。这仅适用于素描时使用图式，并且可以将多个素描中的地质组构进行相互比较。因此，地质素描必须尽可能精确地满足地质组构表示的要求，并且尽可能示意性地突显重要信息，省略非重要信息，并在尽可能短的时间内完成所有这些。这意味着为了使示意图在地质上易于理解，还必须使用符号。不会像看到的那样绘制柔和的单斜褶皱岩层；相反，在其位置处画出一个柔和的单斜褶皱符号。符号必须包含所有重要信息。

什么是重要信息？这是在开始素描之前所决定的。首先，必须仔细研究地质组构，并将地质上重要与非重要信息区分开，这就是进行构造解释。必须首先了解地质上发生的事情然后开始素描。当然，这表示只能识别及绘制那些可以解释的内容。幸运的是，情况并没有那么糟糕。经验表明可以在不理解这些事物的情况下进行绘制及可以在绘制时进行解释，并且可以本能地在素描过程中保留所谓的非重要信息（后续证明这些信息非常重要）。然而通常情况下，（首先）只解释："这是一个页理，并在页理面之间可以看出先前形成的页理的褶皱"，然后将这个观察结果转变为逼真性与符号性绘画的结合体。一方面，使用符号绘制地质上理解的所有内容；另一方面，必须尽可能真实地描绘一些事物，因为地质组构往往过于复杂及多样化，同时每个对象都有不同的符号，因而需要在真实性与符号性表达之间不断平衡。这使得地质素描在某些方面具有相当大的挑战性。

1.5　带符号的素描

符号素描在地质学中很普遍，只需看一眼课本就知道。当绘制符号时，每个人都可清晰易懂的在简化图式中认出某特定构造。这表示符号只能用于众所周知的构造、事物或简单的作用过程，并且只能由几条突出的线条组成。日常生活中充满了符号，象形图是其最著名的形式，图示猜谜可能是更加模糊的形式，甚至古老的象形文字，如象形字，也以符号的形式传递信息。这些符号有时会紧密模仿它们所代表的对象，有时甚至将其抽象化。

严格来说，图示猜谜是倒转的象形图。当搜索关键字"图示猜谜"时，搜索引擎Google会产生大约52900个结果（截至2016年7月17日）。维基百科将其定义为"……图片拼图，其中所代表的内容必须可辨识；这种观察往往是一种不同寻常的或极端的视角或极端的露头"。这表示图示猜谜应该用简单的形状代表复杂的东西，但同时应该以隐蔽的方式而不是以明显的方式来实现。它们是以沉溺及享受抽象化为源头的益智游戏。图1.4描绘了一些著名的图示猜谜，包括我年轻时所经历的一些，每个图示猜谜通常有几种不同的方案。图示猜谜的魅力部分来自这样的事实，即在所有现有方案中，人们通常还可以提出自己的个人喜好。但是，不要忘记某些人（不像作者）只是觉得图示猜谜很无聊。

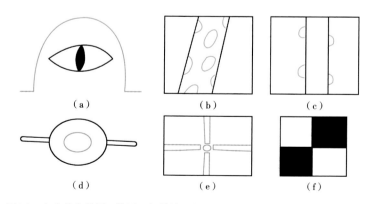

图1.4　六个著名的图示猜谜，与其他一样，这些可以很容易地在互联网上找到

（a）盯着鼠洞的猫；（b）站在窗前的长颈鹿；（c）爬树的熊；（d）戴太阳帽骑自行车上的人；（e）四只大象嗅探乒乓球；（f）初学者的棋盘

甚至写作也是从符号示意图演变而来，特别是在埃及的象形文字中，可以找到两种相反类型的符号，比如那些与它们象征的对象非常接近的符号，以及那些抽象化且严重偏离的符号。此外，每个象形文字涂鸦也代表一个字母或数字，其表示这种千年古老的字形已朝着完全抽象化迈进。

假如要加强理解及绘制符号的能力，还有什么比用象形图更好的方式开始呢？象形图源于拉丁语 *pingere/pictum*（等同于绘画），指的是"通过简化图示传达信息的单个符号或图标"。作为符号术语，象形图可在日常生活中的许多情况下进行引导，无论是在公共场合、街道标志、飞行箭头、男性与女性人物线条图、引导区市中心的圆点、旅行图上的啤酒杯符号表示通往露天啤酒店的道路、电脑屏幕上的智能图示栏及表情符号等。这些符号都是可以被大脑直接接受的，通常无须深入思考，并像口头或书面通知一样处理。象形图一般由尽可能少的线条构成，很少包含不规则的曲线，因此非常适合于计算机描述。在地质学中，象形图主要用于描绘构造与形状，但很少用于地质作用过程。地质象形图通常不像日常生活中的象形图那么简单。它们仅用于明确的地质组构或地质体（图1.5）。与日常生活中的符号一样，同样也建立了与所显示对象没有直接关系的地质符号。它们仅来自间接参考，或者是根据一般协议定义，如符号⊙与⊗，它们表示朝向或远离观察者的移动。重要的地质作用过程有时也可以用一系列象形图来表示，或者在某些情况下甚至可以用一个象形图来表示（图1.6）。

许多地质组构对象形图而言过于复杂，而它们的简化结果又不足以代表构造中最重要的组成部分。在这种情况下，需要示意图进行表示。从地质象形图可以很容易地过渡至示意图。然而，这些示意图通常结构大相径庭并以其他方式生成。许多地质形态与尺度无关，这对象形图来说是个问题。例如，与房屋绘图相比，褶皱的大小无法从图中辨别出来。此外，褶皱象形图只能代表褶皱的类型，但不能区分薄片中微褶皱与千米级尺度的大型褶皱。这样的区别在地形照片中不存在问题，人们可以将硬币或锤子放在岩石上，或者请求同伴站在露头面上作为参考基准。褶皱象形图与所有其他地质组构的象形图必须包含补充的比例尺，以便根据大小进行区分。这与简约象形图的意图相矛盾。相比之下，在地质图中，现有构造可用象形图表示，因为如果仅仅是基本表示，那么构造尺度无关紧要。

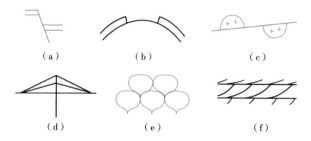

（a）   （b）   （c）

（d）   （e）   （f）

图1.5　从千米级至分米级尺度不等的地质二维象形图，重要信息在简图中得以保留

（a）滑脱；（b）变质核杂岩；（c）使花岗岩体错开的走滑断层；（d）成层火山；（e）枕状熔岩；（f）交错层理

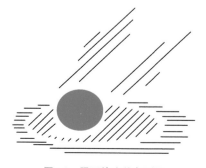

图1.6　陨石撞击的象形图

根据地质公园"诺特林根里斯（Nördlinger Ries）"（德国）的标志牌所重新绘制的符号

实例1.2

  绘制以下地质构造及作用过程的象形图：（a）地堑；（b）不整合；（c）俯冲作用；（d）砾岩；（e）斑状花岗岩。

注意事项：

  需要注意，其中象形图（a）至（c）的绘制更容易且清楚，但象形图（d）与（e）的绘制不那么简单。原因是构造（a）至（c）具有清晰的边界，因此可以由线条界定，而（d）与（e）则不能。砾岩的表示需要有边界地层作为补充信息，甚至斑状花岗岩的象形图也只能与依托边界存在。对于花岗岩而言，这不是事先约定好的，因此没有意义。此外，砾石与长石晶体的大小与方向必须有所不同。这些补充信息削弱了象形图的视觉效果。

  在地质体绘图中，符号（尤其是岩石符号）填补了真实表示与示意性表示之间的差距。它们允许在特定条件下快速而简洁地进行绘图。重要的是，人们不会像计算机程序那样图示化填充某个区域，而是将图示调整到与地质结构适应（图1.7）。地质形态通常是各向异性的。这意味着，在不同的方向上，它们显示出不同长度或者不同构造。符号同样也可以是各向异性的。这意味着，它们在不同方向上同样也具有不同的结构。当地质形态的各向异性不同于符号的各向异性时，就会出现问题。这主要是因为符号通常是在地质组构基础上模拟的[图1.8（a）—图1.8（c）]，造成的偏差与地质概念相矛盾，并使辨识更为复杂化。尽管符号为图式化显示，但根据外部形式或内部结构而定义的符号仍看似很自然，且包含技术信息[图1.8（d），图1.8（f）]。然而，不恰当的符号会造成视觉矛盾并使观察者感到困惑[图1.8（e）]。相比而言中性、各向同性符号[图1.8（g）]效果更好，因为它们可以很容易通过素描标准获得。然而，地质信息会发生丢失，并且它们没有达到与定义符号几乎相同的自然度及内在张力。

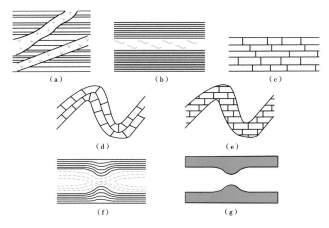

图1.7   岩石组构示意图

（a）层状片麻岩中的花岗岩（上）与火山岩脉（下）。十字形代表花岗岩中的长石解理面；"v"形代表火山岩；符号的均匀分布代表了岩石组构的均质性；（b）片岩中的正片麻岩层；"波浪"形（~）表示片麻岩的波状结构，其源于透镜状变形长石的透镜形状及周围黑云母片的分布；图式化组构包含了在足够高温下片麻岩中长石颗粒发生塑性变形的信息；平行线代表片岩中的页理；此外，它们有助于突出正片麻岩与片岩之间通常存在的明暗对比；（c）层状石灰岩；交叉划线表示成岩作用与压实作用过程中形成的垂直于层理的裂缝，并且在这种地层中其他岩石上很少存在裂缝；（d）发生褶皱的石灰岩层，其具有适应于这种形态的图示化组构；横向裂缝形成于褶皱形成之前，并因此在褶皱产生之后保持垂直于岩层面；注意！这是一种需要观察结果来证实的解释方案。在褶皱过程中或之后产生的裂缝走向可以不同；（e）发生褶皱的石灰岩层，图示组构与形态方位不符；褶皱的几何形态与图示组构的走向所表达的意思是不同的；这种对比可能会让观察者感到困惑；（f）布丁构造层；实线与虚线表示页理面，它们由于布丁构造作用而发生弯曲；明暗对比强调不同组成地层；一般来说，直观印象是强片麻岩层在弱片麻岩风化覆盖层中发生布丁构造作用；（g）计算机生成的灰白色渐变保留了合适的明暗对比度，但无法表示页理形态

　　符号很重要，因为无论绘图尺度如何，绘制的岩石剖面都需要符号。由于永远无法完全按照原样精确绘制所有内容，因此必须进行示意化表示。巧妙选择并准确定义符号能够填补与地质现实间的差距，特别是自定义符号，计算机将无法提供辅助。与手工粗略地示意化绘制相比，即使是最好的绘图程序也是一种烦琐

的工具。下面探讨为不同的应用选择适当的符号及如何在后续章节中更广泛而熟练地使用它们。尽管地质文献中的某些岩石（或地质组构）有自己的标准符号，但有些东西是由个人的创造力所决定的。

1.6 真实感素描

素描时的基础是观察，而不是手的移动。如果素描像任何其他艺术任务一样需要成功实现，那么必须要处于专注、悬念的状态。在接下来的几个练习中即可观察到这一点，这些练习可以在许多其他素描册中以这种或类似形式找到。

实例1.3

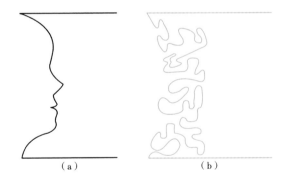

（a）　　　　　　　　　　（b）

绘制"脸"（1.3a），然后在相同的两个线端之间使线条抽象化及复杂化（1.3b）。

注意事项：

以恒定的速度慢慢画线，一气呵成。为了做到这一点，必须不断快速地在现有线与新画线之间来回移动。如果你这样做的话，你会发现自己处于专注、悬念的状态，没有任何胡思乱想的余地。这些做得越好，绘制的线条就越好。

我们在其镜像中绘制第一条给定线条，要缓慢地，一点点地推进。素描时，眼睛不断在原始示意图与新的示意图之间来回移动。要不断监视线条的进度、形状及与镜像的距离。当逐段观察—绘制—观察—执行时，我们必须进入节奏。当我们在镜像中绘制第一条简单的线条时，要继续绘制第二条更复杂的线条。重复此练习，直到绘制的线条真正表示出原图的镜像。比例正确尤为重要！

实例1.4

　　绘制轮廓。

注意事项：

　　在本次练习中，将一只手放在桌子上，用另一只手在一张纸上画出外形或轮廓，但不看示意图！我们将看到的东西转变至手的移动中而不是用眼睛来控制这种移动。在绘图时，不要为示意图所诱惑。如果我们经常重复这个练习，我们会慢慢感觉到绘图时手的移动及观察结果如何转化为移动。这项工作必须非常缓慢地进行。如果我们需要3~4分钟来绘制手的轮廓，那么绘制速度并不是太慢，而是太快了。

　　Betty Edwards（1996）给出了真实感素描与其他素描练习的详细指南，这些练习可增强观察及用图形表示观察内容的能力（而不是对它的解释）。总的来说，这样的练习可以约束象征性素描并提高素描的逼真度。这些练习同样也构成了地质素描的基础，Betty Edwards的著作或任何其他素描指导书都可以很好地介绍这一主题。

　　在地质素描过程中建立专注与悬念并不总是那么容易。一方面，因为环境情况有时会阻碍专注所必需的要素；另一方面，因为必须始终象征性地素描，户外素描时时间约束造成的困扰同样也不利于专注。当风吹坏野外指导书及天气寒冷导致手抽筋时，很难实现并保持"艺术性"悬念。即使是象征性地素描，这也可能是一种障碍。如果总是要决定在何处及如何使用符号、根据观察结果想要省略与包含什么信息及应该以什么形式描绘一切，这些"理性"的决定不断地脱离纯粹的观察状态并磨灭了恰恰对地质素描很重要的悬念类型。

实例1.5

颠倒画：根据Heinrich Zille（1922）绘制线条所绘制的儿童图案。首先绘制示意图"正面朝上"，然后上下颠倒。快速绘制并保持专注，但不需要打磨细节。

注意事项：

如果按照描述进行该练习并比较两个示意图，你应该注意到颠倒的素描更接近原始素描。这是因为大脑会将"正面朝上"的素描识别为人。这使我们更容易进行解释性、象征性素描，同时也会更加偏离模板。然而，"颠倒画"可以更容易找到节奏与专注感，因为我们不会偏离素描的真实性。

当绘制脑海中指定符号的东西时，通常会无意识地画出这些符号，而不是真正看到的符号。绘制没有意义且不是由符号组成的东西更为容易。首先将Zille绘制的儿童图"正面向上",然后上下颠倒过来。这两幅示意图有何不同呢?

以逼真方式素描的能力是地质素描的基础,可以防止落入到完全的图示化素描状态。然而,地质素描过程受图示化与观察解释的影响,所看到的必须从地质上进行解释。素描时,原始与素描之间的相似性不是那么重要。决定因素是素描可通过重要组成的展示进行准确的地质推断。什么是重要的?下面从一个简单的练习开始。

实例1.6

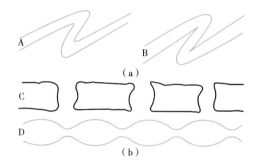

（a）A中所显示的褶皱形状反映了一定的平均变形作用强度及褶皱层与围岩之间的强度差异较低。相比之下,B中所显示的褶皱层明显强于围岩。该褶皱脊通常外部呈圆形,具有较大的曲率半径,而内部层呈锐角挤压。将自然形状转移到绘图纸上时,通常不会涉及细节信息。例如,褶皱的数量或褶皱翼的长度(尽管长翼与短翼比率通常很重要)必须不完全相同。现在,与A和B相比,绘制一个强度低于围岩的褶皱层。（b）在C中画出比围岩更强烈的布丁构造层,而D中的强度差较小。绘制一个与围岩呈微小强度差的布丁构造层。

所有提供有关岩石特性及岩石形成与变化的作用过程的信息都是必不可少的。这些特性主要包括岩石组成与岩石组构，两者都不仅决定岩石类型，还影响许多其他（特别是物性）性质：密度、孔隙度、渗透率、抗压与剪切强度、弹性、热容量与热导率、活动性。此外，成岩史通常会影响其矿物组成，并始终影响其组构。

反过来，如沉积岩中地层反映出不同的几何形态及沉积年代史。这就是成层类型作为沉积岩素描重要特征的原因，甚至成岩作用过程也会改变岩石组成及组构。两者主要在微米至毫米级尺度下可见，并且可以在薄片素描中表示出来。

由于包含不同的粗粒或细粒基质，不同的岩浆岩通常可以彼此区分。然而，将时常出现的岩浆扩散结构进行图示可能非常耗时。然而，在某些情况下，组构是特定岩石的典型特征（如玄武岩的柱状节理系），并且可以很容易地用于岩石表征。

独特且清晰可见的组构主要存在于变质岩中。页理面、线理及褶皱是岩石样品与露头图的典型组成部分。这些结构的年代学提供了有关岩石历史的宝贵信息。此外，晶粒组构可用于鉴别许多岩石，并以简单的方式表示它们。微组构包括颗粒形状与纹理，提供了许多表征岩石及其历史的方法。

接下来的章节中给出了很多微米到百米级尺度的典型岩石组构的半示意性素描，并提供了这些素描如何表示沉积、结晶、变形及变质作用历史的示例。

1.7 地质组构的分形几何学

自然界中的许多组构都很复杂（分形）。它们无法或者很难用欧氏几何来测定，但可以通过分形几何的方法进行记录与量化（Mandelbrot，1983）。尤其是地质组构，其提供了复杂或分形的明显示例（Kaye，1989），如像铁—锰—树枝晶、断裂模式或缝合晶界[图1.8（b）—图1.8（d）]。分形结构的一个重要特征是它们的自相似性。不同于数学分形（即跨越无限个数量级还完全相同），天然（包括地质）分形结构的自相似性通常仅跨越一个或两个数量级（Kruhl，2013）。而且，这种自相似性只具有统计性质。除了结构（模式）的分形之外，还存在数据集的分形。例如，岩浆岩中斑晶的粒度或沉积地层的厚度表现为分形[图1.8（a）]，其大小或厚度分布遵循幂律。

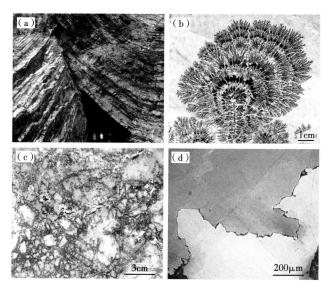

图1.8　复杂（分形）的地质组构

（a）层理厚度不同的泥盆纪变砂屑泥质岩；哈特兰码头（Hartland Quay）（英格兰德文郡）；（b）极状灰岩（德国索尔霍芬）层理面上的铁—锰—树枝晶；不同尺度下的树枝状图案较为类似；（c）马尔姆（Malm）石灰岩切割方块上的裂缝图案；样品KR5149B；Unterwilfingen采石场（德国诺特林根里斯）；裂缝呈簇状，即几乎很少形成大碎片，而是由许多小碎片组成，这些碎片的大小分布遵循幂律；（d）石英晶体缝合线的显微照片；样品KR4846B；同构造结晶的英云闪长岩（法国科西嘉岛格尔夫·德瓦林科的阿巴特洛地区）；少数大缝合线与许多小缝合线的几何排列遵循幂律

上述两种类型的分形对于地质素描都很重要，而这些图案的统计自相似性现实它们在不同尺度上看起来几乎相同，并且它们的大小无法由其形状推断出。这就是地质组构绘图与照片必须始终包含比例尺的原因。然而，这只是适用于样品与露头尺度下地质组构的部分示意性素描。由于这些都不是自然的复制品，而是将地质组构转化为符号语言，因此为了满足象征意义，通常必须放弃比例尺不变性。例如，如果长石透镜体的尺寸相比于层厚是正确的，那么在 20m × 5m 大的露头墙中，米级厚的正片麻岩无法通过示意性长石透镜体来表征（见第3.3节）。

如果无法一对一复制出而只是示意性表示组构并对其进行补充，那么必须观察由组构分形所导致的特性。如果不这样做，那么示意图看起来会很不自然。最重要的是，需要考虑两个特性：（1）自相似性导致类似的组构元素以不同尺寸出现，并使整个组构在某些部分看起来更紧凑，而在其他部分则看起来更宽阔，组构元素局部较为集中；（2）依据幂律的组构元素的尺寸分布表示大的组构部分相对较少，而小的组构部分相对较多。岩浆岩中晶体、砾岩中砾石或角砾岩中碎屑的分形尺寸分布中，出现的小的晶体、砾石或碎屑数量较为适度，而很少出现大的晶体、砾石或碎屑。裂缝间或页理面与层面之间的距离也是如此，其相距较近的数量很多而相距较远的数量则很少。

由于岩石破碎遵循这些规律，因而岩石表面上的精细结构（如页理面上的线理）也是分形的（图1.9）。素描时应考虑所有这些。甚至平面或线形之间的距离或岩石中斑晶的均匀分布与分形分布所产生的距离相比看起来也很不自然。示意图上各个组构元素不仅尺寸相同且间距完全均匀，这看起来很虚假[图1.10（a）]。如果组构在某方向上无规律，那么这只会略微改善整体感觉[图1.10（b）]。

只有根据组构元素的尺寸与间距及它们的局部密集度对组构进行变化才会产生自然感觉[图1.10（c）]。

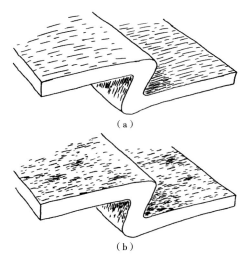

（a）

（b）

图1.9　褶皱岩层示意图，其具有两种不同类型的图式化线条

（a）长度可变且均匀分布的划线；（b）长度可变且成群状的划线；与示意图（b）相比，示意图（a）看起来较为虚假

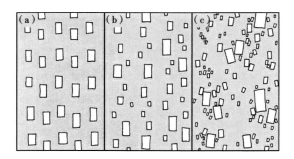

图1.10　斑状花岗岩中长石斑晶的示意性分布（流动）图案

（a）尺寸、走向及间距均相同的晶体；（b）尺寸不同但走向相同且间距几乎相等的晶体；（c）不同尺寸的晶体其中大晶体较少，小晶体数量很多，晶体走向略有不同，间距明显不同（成群）

　　然而，在绘制时不必精心构建分形图案，避免均质性并注意在不同尺度下出现间距与成群的明显变化就足够了。令人惊奇的是，通过留下空隙可以达到很多目标。

1.8　地质素描的基本规则

　　地质素描的一些基本规则可以根据上述内容中得出。虽然这些规则将在以下章节中详细讨论，但此时应以简化的形式呈现。和所有基本规则一样，它们只是建议应遵循的一般方向，但绝不构成严格的条律。素描时的行为应该与素描类型及其目标一样是可变的。这是艺术素描与地质素描的相同之处。每个人都应该按照要求来定位，同时仍然遵循目标，并在示意图绘制的同时发展出自己的风格。这些规则始终包括对规则变化或覆盖的可能性。

　　（1）地质素描应该只包括清晰简洁的线条与圆点，但可以通过不同的点或线宽来加强对比及使陈述过程具体化；

　　（2）圆点可以具有地质意义，但主要用于使表面具有不同的暗度，突出对比度或增强组构，并使用阴影对其进行三维表示。当表示岩石颗粒度、再结晶作用等时，在某些尺度上，圆点尤其重要；

　　（3）线条应始终具有地质意义，前提是它们不用于描绘人工"块状"，线宽与长度应用于传达地质信息；

　　（4）线与点可用于描影，也可用于地质痕迹，如巧妙地分布在曲面上的平行线可以突出表面的线理或曲率；

　　（5）符号可以是中性的，但应该证实或加强但不会抵消绘图中的地质信息；

　　（6）地质组构的几何形状很少是欧氏几何形，但通常是分形的。因此，通过对不同大小的部分结构进行分组及通过不同的尺寸分布（根据幂律），可以增强绘图的自然度，通常足以避免规律性并留下孔隙；

（7）素描应足够大以表示所有相关结构，并且细节信息应在不使用放大镜的情况下是可见的；

（8）"糟糕"的素描总要比没有素描强！

参考文献

Anglin, G.J. and Levie, W.H. (1985). Role of visual richness in picture recognition memory. *Percept. Mot. Skills* 61, 1303−1306.

Brooks, L.R. (1968). Spatial and verbal components of the act of recall. *Canadian Journal of Psychology* 22, 349−368.

Cloos, H. (1938). Geologisch Zeichnen! *Geologische Rundschau* 29, 599−604.

De Bono, E. (1990). *The use of lateral thinking*, Reprint, Penguin Books, 141 pp.

Dutton, C.E. (1882). *Tertiary History of the Grand Cañon District, U.S. Geological Survey, Monographs*, Vol. II, Washington, 264 pp.

Edwards, B. (1979). *Drawing on the right side of the brain*, J.P. Tarcher Inc., 210 pp.

Einstein, A. (1955). According to Wikipedia, after eye−witness accounts cited by Franz Halla, in: Mitteilungen aus der anthroposophischen Arbeit in Deutschland, Nr. 32, 1955, S. 74−75, and by Rudolf Toepell, in: Brief an Herbert Hennig, 20.5.1955; Rudolf Steiner Archive; cited by Vögele, Der andere Rudolf Steiner, 2005, 199 f.

Hayes, B. (2008). Die Zukunft der Digitalfotografie, Spektrum der Wissenschaft 8/08, 78−83.

Heim, A. (1921). *Geologie der Schweiz*, Vol. II−1, Tauchnitz, Leipzig, 476 pp.

Jenny, P. (2012). *Drawing Techniques (Learning to see)*, Princeton Architectural Press.

Kaye, B.H. (1989). *A Random Walk Through Fractal Dimensions*, VCH, Weinhein, 421 pp.

Kruhl, J.H. (2013). Fractal geometry techniques in the quantification of complex rock structures: a special view on scaling regimes, inhomogeneity and anisotropy. *Journal of Structural Geology* 46, 2−21.

Larkin, J. and Simon, H. (1987). Why a diagram is (sometimes) worth ten thousand words. *Cognitive Science* 11, 65−99.

Mandelbrot, B.B. (1983). *The Fractal Geometry of Nature*, Freeman, San Francisco.

Metzig, W. and Schuster, M. (1993). *Lernen zu Lernen*, 2nd edition, Springer, 257 pp.

Rock, I., Halper, F. and Clayton, T. (1972). The perception and recognition of complex figures. *Cognitive Psychology 3*, 655−673.

Sale, T. and Betti, C. (2007). *Drawing: A Contemporary Approach*, Wadsworth Publ./ Cengage Learning, Boston.

Shepard, R.N. and Metzler, J. (1971). Mental rotation of three−dimensional objects. *Science* 171, 701−703.

Terry, R. (1981). *The art of Robert Bateman*, Madison Press Books, 178 pp.

Weizäcker, C.F. von (1955). Cited after Wikipedia from eye−witness accounts of Franz Halla, in: Mitteilungen aus der anthroposophischen Arbeit in Deutschland, Nr. 32, Juni 1955, S. 74−75 and of Rudolf Toepell in a letter to Herbert Hennig, 20.5.1955; Rudolf Steiner Archiv; cited after Vögele, Der andere Rudolf Steiner, 2005, p. 199f.

Zille, H. (1922). *Mein Milljöh − Neue Bilder aus dem Berlin Leben*, 11th edition, Dr. Selle−Eysler A.G., Berlin, 112 pp.

Zurru, M. and Kruhl, J.H. (2000). Die Loreley. *Steinalt und faltig−jung und schön!* Selden & Tamm, 70 pp.

第 2 章

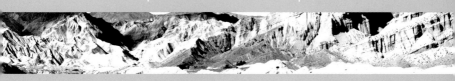

石
岩 片
薄

岩石薄片提供了一系列其他同等条件下的方法所无法获得的信息，只有借助于薄片才能准确确定岩石的矿物成分（从而确定岩石分类）。特征性共生体可指示变质作用条件，而最重要的是，微组构（微岩相）提供了有关成岩作用、变形作用及结晶作用方面的信息。晶界图案、裂缝系统及晶体形状与分布提供了有关地层概况与岩石历史方面的各种信息。许多在2cm×4cm的岩石薄片上看出的微组构可能在更大尺度上对岩石结构与岩石特性存在影响。

有多种原因可以解释为什么在薄片上绘制微组构是值得的：（1）首先显微镜观察主要用于证实观察结果用于制作绘图；（2）作为记录，通过显微镜制作的素描图可为以后的记录建立基础，相比书面形式，通过素描图可以更快速而简洁地表达许多事物；（3）作为布局图，通过其可以在不涉及晶粒尺度下结构（交生、晶界结构、晶体内部组构）的条件下直观地显示出岩石的结构（层理、片理、晶体分布等），这些素描图得益于对某些岩石结构选择性忽略，并专注于某些岩石结构上；（4）作为示意图，通过其可以以简化形式突显特定的结构，或者可用作数字化及图像分析深入处理的基础；（5）作为明细图，通过其可以尽可能准确地表示反应组构、晶体内部组构等。

许多（特别是较早的）教科书与出版物都包含了富有表现力、信息丰富的薄片素描，这些岩石薄片素描很值得一看，并且展示了书中的许多方法与准则：Richey和Thomas（1930）、Moorhouse（1959）、Hatch（1968）等、Mason（1978）、Droop（1981）、Bard（1986）。

素描相对于显微照片有什么优势呢？比如，简单性就是一个明显的优势，特别是为了快速记录而绘图时。即使利用数码相机，也必须仔细观察光线条件并进行精心调整，特别是长石与石英颗粒组构会具有丰富的对比度，如何防止亮颗粒比暗颗粒更强会很困难且耗时。此外，图像格式选项是有限的，并且只能在事后进行标记与记录。相应地，这也反映了素描的显著优点，素描中可以以相当简单而快速的方式得出详细的标记。

薄片中的平面结构（如晶界、解理面或自形晶体面）通常斜切薄片表面，并且在照片上显示为宽的扩散条纹。如石英中发现的金红石针的结构越往深处会在照片上失去焦点。这种结构的模糊化保留在照片上，但在素描上可以去除。去除不重要特征并突出重要特征的能力是素描相比于照片的决定性优势。退变质作用的演变（如斜长石中的钠黝帘石化、橄榄石与辉石中的蛇纹石化、或堇青石的羽状石化）经常叠印于岩石组构上。虽然在照片上几乎不可能进行更正，但在素描上可以很容易地去除不重要的特征，并突显出重要特征。最后，可以很容易地消除准备阶段的人工污染，如捕获的气泡或磨料粉末残留。

然而，素描相比照片而言确实存在某些缺点。通过利用不同的干涉色或消光方向，以往不可见或几乎不可见的某些晶体内部组构（如波状消光、孪晶、亚晶型，或更通常而言，不同的晶粒走向）变得可见。此外，拍摄样本比样本素描要快得多。无论何时，只要是为了快速记录，细节与精度都不重要，且强烈对比可使结构在照片中清晰地显现，那么就应该使用摄影设备。

素描能够描绘什么信息呢？在开始素描之前必须回答这个问题，因为不是所有东西都可以绘制。首先，它只会花费太多时间。其次，素描的优势会再次丢失。其优势主要在于可以强调重要信息，同时可以很容易地将非重要信息忽略或置入背景中。但是要记录或强调什么呢？当涉及特定岩石类型的记录时，必须描绘不同的矿物与晶粒组构，但不涉及晶体内部组构或微小的异变。当涉及变形作用及其强度、温度依赖性、晶粒形状方位、或个别矿物与褶皱和片理的关系时，晶体内部组构（如石英的亚晶组构、斜长石的变形孪晶、石榴石中的破裂模式）非常重要。例如，这就是黑云母片出现褶皱轴面或围绕褶皱弯曲。如果要强调变质作用的条件，那么以最小的细节展示反应组构则非常重要。例如，沿晶界的最细共生体、钠长石周围的奥长石边缘、或角闪石到黑云母的外围蚀变。

为了迎合观察素描的所有不同意图，薄片通常主要且首先用平面偏振光绘制，其中主要的晶界、解理、纹皮、起伏是可见的。然而，向图中添加更多结构（如孪晶或亚晶界）可能很有用（这些结果只能通过正交偏光镜可见）。因此，可以将两张照片的特征组合成一幅图。

2.1 作为一种显微镜观察形式的素描方法

在绘制薄片时，主要将岩石微界面转移到纸上。相比于岩石样本或露头而言，这种绘制往往更详尽、遗漏更少、解释更少。为了绘制详细的复制图，必须仔细观察薄片中的结构，并持续较长时间"引导视觉"。同时还必须将眼睛从薄片图像快速移动至绘图与背面。如果集中注意力，这种有节奏地来回将使我们进入类似于艺术绘画过程中所经历的悬浮状态。在这方面，使用显微镜时的素描与艺术绘画密切相关。

由于眼睛频繁地重新聚焦，因而从显微镜中的图像到图纸上的快速来回可能会引起问题。对于显微镜而言，它们被设置为无限距（当显微镜正确设置时），但在素描时，焦点距眼睛约30cm。双目显微镜迫使头部来回移动，这可能导致鼻子与目镜之间的碰撞。因此，使用单目显微镜是较为有利的。只需一只眼睛通过目镜观察，另一只眼睛看着纸上，头部不需要不断地重新定位，这样素描即可快速且轻松地进行。这当然也可以用双目显微镜完成，但只是使用其中"半"个。然而，在单目显微镜中，并不是每个目镜都需要聚焦于单个眼睛的视力，当出现疲劳迹象时可以切换眼睛。

在使用显微镜的同时进行素描的优点是可长时间精确观察薄片的某些部分。在绘制所看到的东西之前，必须对形状与结构有所了解。这就是素描为什么可以更好地了解岩石组构的细节。

2.2　利用各种工具素描

在数码摄影及各种打印选择的时代，薄片可以快速制成纸张照片，然后可以将薄片图像转移到描图纸上。如果不需要高精度，可以很容易地获得与原始比例相同的草图。该方法快速且通常得到足够精确的素描。然而，晶粒组构细节与晶体内部组构有时没有在显微照片中得到详细刻画。因此，如果需要精度与细节，必须借助于显微镜图像精心修正草图并添加细节。该方法的其他缺点是限定于照片所指定的框架内，最重要的是照片只能在偏光镜处于特定位置的情况下拍摄，除非希望拍摄具有不同偏光镜位置的多张照片，如在相界自动检测中（Fueten & Mason 2007）。因此，必须权衡平行与正交偏光镜的优缺点。

当然也可以完全保留在数字域。数字绘图与数字图像相比其优点是可以在保持高图像质量的同时以高分辨率绘制。这保证了精度，但需要大量时间，并且当绘制比例更大时，手需要保持稳定，但某些细节不可避免地失真。充其量，它们看起来不自然。在最坏的情况下，他们甚至可能被篡改。然而，有利的是，如可以在不同的平面上创建晶界与相界，这种分离可以单独进行处理。如果要通过图像分析对组构进行量化，这尤其有用。

在数字图像采集与处理的时代，"绘图管"（drawing tube）已经过时了。令人遗憾的是，它的优势显而易见。与草图一样，框架与放大倍率通常可自由选择。不重要的细节可以忽略，重要细节可以强调。平行与交叉偏光镜的交替使用使得薄片中的微结构更显而易见，因此更容易勾勒出草图。偏光镜之间的角度（偏离90°）具有相同的效果，这种"1∶1"素描中的比例也得以保留。

绘图管的主要优点在于，通过其不仅可以进行高分辨率绘图，而且可以几乎任何尺寸素描。这是通过控制显微镜载物台上的薄片在两个相互垂直的方向上移动及使用定制尺寸的素描纸来实现的。即使是大张纸也可以通过卷边在绘图管下来回推动。或者，可以使用较小的纸张，然后黏合在一起。较小的技术难题可以轻易克服，但显微镜的发光强度及纸张的照明必须精确匹配。不但个人机构不再有绘图管之外，该装置本身耗时的特性也是不利的。因此，只有在需要非常精确或大幅面草图时才使用它。

2.3 薄片素描的基础

为得到无矛盾且方法无瑕疵的素描，重要的是要记住岩石及矿物组构在薄片中的出现形式。(1) 薄片实际上代表三维组构的二维横截面，这表示薄片的三维晶体形状通常在特征性二维截面上显现；(2) 某些矿物具有特殊性质，如折射（表现为起伏及纹皮）或内部组构（解理、亚晶、李晶等）可用于表征；(3) 逻辑上应描述哪些矿物或结晶性质取决于素描比例；(4) 因为我们的大脑能够补充间隙并可以将不完整图像拼凑成完整图像，所以薄片素描没必要是"完整的"，但应该包含间隙，以定期缓解观察者的观察疲惫并节省时间。

2.3.1　通过三维结构得出的二维截面薄片

通过球体的每个横截面会产生圆形，而通过立方体的横截面轮廓会不同，如三角形、梯形、矩形或正方形。假定矿物发育为自形或至少半自形，它们构成薄片中的某些部分，这些可以用于对其表征（图2.1）。即使矿物呈现为他形，其横截面仍然是特征性的，如柱状矿物（硅线石、磷灰石、金红石）呈截面拉伸或特征性圆形，甚至是自形截面。而片状或板状矿物（如云母）

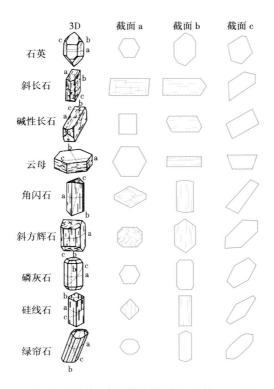

图2.1　某些造岩矿物的晶体形状与特征剖面（据Tröger等，1979）

除了三维形状外，还展示了横截面与纵向截面及任意截面

的拉伸截面通常具有直边、纵向边缘。石榴石横截面通常是圆形。即使对于示意图而言，也必须考虑三维到二维关系，因为"正确"的横截面即使没有费力标记也可以表示出晶体方向及矿物种类的重要信息。在标记的草图中，当矿物呈现出"不好"的形状时，它可能让人很不舒服。有些教科书提供了最常见的造岩矿物的自形晶体显微照，并对晶体形状的变化给出了很好的概述（MacKenzie&Adams，1994；Perkins&Henke，2003；Raith et al，2012）。

2.3.2　特定矿物性质

光的折射是一个基本特征，通过它可以在薄片中确定晶粒起伏与纹皮。纹皮表示马皮或驴皮的某种皮革，表面粗糙，指的是晶粒内部纹理。在制备薄片时，研磨过程不会使晶粒表面完全光滑。凹凸不平的表面会填充用于固定盖玻片的黏合剂（通常是折射率为n=1.56的树脂）。因为黏合剂与晶粒的折射率很少完全一致，所以在那些凹痕填充黏合剂的边界处形成贝克线，并且形成细光线与光点组成的网络即所谓的"纹皮"。黏合剂与矿物之间的折射率差异越大特别是在高折射率的矿物中，纹皮越高。

当不同折射率的晶粒彼此相邻时即出现起伏，高折射率的晶粒表面似乎高于低折射率的晶粒表面，它们起伏高或低。这种影响是由于纹皮差异及高折射率矿物中的贝克线相比低折射率矿物更为强烈所造成的。在绘图中，高起伏的视觉效果是通过相对较宽的晶界线实现的，有时是通过在边缘附近添加点线。较高的纹皮是通过晶粒中的粗点，或更确切地说是细环来模拟的。

内部组构是指解理、亚晶结构、孪晶、裂缝、包裹体等。这些可能是某些矿物的特征。例如，辉石与角闪石中的解理面在两个特定方向上特别发育。在辉石中，它们形成约87°的角度，而在角闪石中则是约56°。然而，只有在垂直于两个解理面的截面上达到这些角度值，即垂直于辉石与角闪石的长轴。在所有其他截面上，角度值较低。然而，角度之间的较大差异，即使在偏离截面上才可以识别，因此可以用绘图上的某些特定特征表示。在某些矿物（如石榴石）中，脆性特性发育成密集堆积且通常略微弯曲的裂缝特征系统，晶粒沿裂缝可发生典型的蚀变。这种蚀变是堇青石（羽状石化）与橄榄石（蛇纹石化、纤闪石化）的特征。

李晶存在于许多矿物中，但在斜长石、钾长石及堇青石中尤为常见。一方面，可以以特有的方式绘制这些矿物；另一方面，孪晶形状揭示了它们的形成条件（变形作用与生长孪晶关系），这就是为什么正确绘图很重要。然而，孪晶只能通过交叉偏光镜的不同消光才能可见，这使得绘图时会出现问题。例如，由于长石中单个孪晶的光折射率仅略有不同，因此除方解石之外，在平面偏振光中几乎看不到孪晶边界。

在某些矿物中，即使是亚晶粒也可能以特有形式出现。石英中的棋盘图案（两个正交亚晶界系统）表示相对较高的温度，与平行亚晶界不同，后者发生在变质作用的中低温范围内。亚晶界只能通过交叉偏光镜的相邻晶体区域的不同消光才能可见，而在平面偏振光中根本不可见。正因为如此，它们的表征存在问题。通常，作为辅助，将不同消光区域之间的边界描绘成点状，进而得到更细的线条。

组构特征也是重要的信息来源，通常精确地包含在大多数绘图中。特别是在这方面，绘图可以显示比照片更多的内容。尤其是那些能够提供有关不同阶段相对生长年龄、矿物演变或生长/反应与变形作用之间关系的信息的结构，这些结构对于岩石或物质史的分析较为重要，必须正确且详细地绘制。这里存在一种（显然是矛盾的）绘图与理解之间的相互作用：为了能够正确地绘制微组构，必须要理解它，并且为了理解它，必须准确地绘制它。

2.3.3 比例相关图示

薄片图中描述哪些矿物性质同样也取决于比例。大尺度图纸使得细节较为精细，如当肖钠长石孪晶渗透到钠长石孪晶中时出现的孪晶边界旋转；辛晶共生的细节；或石英—石英—晶界的细缝合线的表示。在小尺度的图纸中，建议对矿物内部组构或细粒岩石基质进行示意显示，假如这种示意化能够突显组构特征。即使采用示意化，仍必须保留组构的基本特征，而不能歪曲。当然，在示意图中，斜长石的双片晶也必须平行（钠长石—孪生）并几乎横切（肖钠长石—孪生）至自形晶体平面，并且正确的角闪石解理面包围角度应为56°。如果斑状岩石是页理状的，那么基质页理应由示意图中的细平行线表示，而斑晶应在页理中平面排列。同时，在这种示意图中可以定性地描述变形量。第2.4节介绍并讨论了示意化的其他可能性。

2.3.4 留下空隙

要有勇气留下空隙！人们可以对其畅游所想，并看到不一定存在的东西。素描往往填得太满，可能会使得基本细节及素描的方便性在琐碎中丧失。即便详细的薄片素描相对于晶界图案是完整的，内部组构的合理编辑也可以实现更自然的外观，还能节省大量时间。即使组构完整，我们的大脑也期望并且实际上看到空隙。我们身边每天出现的图像中存在空隙是司空见惯的事，大脑习惯于从这些不完整的图案中组建完整的图像。在Donald D.Hoffman的书《视觉智能：我们如何创造看到的东西》（1998）中，作者清楚地描述了大脑的这种特殊能力。尤其是日本水墨画艺术提供了令人印象深刻的残缺图像的示例（Okamoto，1996）。

2.4　显微镜下的矿物及其特征组构

2.4.1　造岩矿物的特殊二维形状

特别是在示意图中及详图中，如果正确地显示特定矿物特征横截面中的单个晶粒，那么对观察者而言具有重要作用。图2.1中所示的造岩矿物的自形晶体横截面仅代表具有可能轮廓范围的小部分样本，但它们表明特定矿物可能存在特定范围的几何轮廓。

自形石英通常只出现在火山岩中，很少出现在深成岩石中。在这种情况下，六边形截面与紧凑形变体较为典型。在变质岩中，石英不能以自形形状出现。斜长石只呈现为自形，大部分为板状，并形成于火成岩中（Vernon，1986），其具有相应的细长矩形截面，有时具有梯形截面。与斜长石类似，碱性长石同样也以自形存在于火成岩中（Vernon，1986），其通常相对更细长并且具有相应的矩形或近似方形的截面。在白云母、黑云母及绿泥石中，由于其伪六边形形状，大部分截面都是细长的。变质岩中薄片几乎完全垂直于片理，并且仅在极少数情况下平行于片理，因而使得这种影响得到增强。云母几乎总是出现在那些平行走向的六边形与圆形截面上。

变质岩中角闪石自形形状同样普遍，且与其周围环境有关。垂直于长晶轴的截面形成了独特的菱形形状，其外表面与解理面夹角为56°或124°。纵向截面通常是细长的，并且近似矩形，大部分解理清晰可见。辉石自形形状在细节上因辉石类型而彼此略微不同。共同点是它们的短柱状（比角闪石的形状粗得多），有明显的侧面，其中四个面几乎相互垂直。柱端的面可以展开，也可以不展开。柱的横截面范围从八面到近似方形不等。平行于柱的截面形成紧凑的矩形并且可以具有斜边。

磷灰石存在于大多数火成岩与变质岩中，几乎总是为自形，六角形轴从短到长不等。横截面通常为等边六边形与拉长六边形。硅线石经常发育为自形形状，细长到柱状，具有明显的、近似方形的横截面及小角度的特征解理面。绿帘石在火成岩及变质岩中呈现自形至半自形，其长轴—短轴形状易形成菱形或椭圆形横截面。

2.4.2　基于组构的矿物鉴定

由于许多矿物在火成岩中呈现为无定形或至多半自形，因此其他特征，如纹皮、起伏及内部组构在各种矿物的图形描绘中发挥更大的作用。这意味着无论是绘制示意图还是详图，不同的矿物主要通过不同的线宽、圆点及内部结构来表示。

线宽是指对于高折射率的矿物晶粒而言，其相比于低折射率的矿物晶粒，薄片边界相对较厚。因此，薄片图上晶界的相对线宽应该与相应矿物的相对折射率相匹配。例如，石榴石或榍石的线宽应指定为最宽，角闪石或云母的线宽中等，石英与长石的线宽应该较细。然而，严格来说，不能给一种矿物指定一种特定线宽，因为薄片上晶界或相界的宽度（即贝克线的明暗度）取决于两个相邻矿物晶粒的折射率，并且由于单一矿物晶粒内折射率的各向异性，因而这种宽度可进一步发生改变。然而出于实际原因，忽略了这些细微的光折射变化，并且根据绘图为每种矿物指定特定的边界线宽。这不包括同一矿物两晶粒之间的边界。这些通常描绘得相对较薄，因为几乎没有贝克线。

什么是"粗"或"细"线宽？这取决于素描尺寸，尺寸可能随后减小，以及薄片中最高与最低折射率之间的差异。在缩小绘图尺寸后，最细的线宽仍应清晰可见。另一方面，太粗的线条使得绘图看起来笨重并且难以表示晶粒周界细节。在A4尺寸的图纸中，已证明线宽在0.1mm与0.8mm之间是切实可行的。如果打算大幅度减小尺寸，那么必须增加这些线宽值。尽管每种矿物可根据其平均折射率指定线宽（图2.2），但有时可能需要偏离这些值。为了使草图具有高对比度，从而更清晰、更容易地查看，利用或至少扩展可能超出常规模式的线宽范围。这意味着，对于仅含石英、斜长石及白云母的薄片而言，应该增加白云母的线宽，当然其不会明显违背常规分级。

圆点位于空白页旁边，是薄片图中唯一的中性标记。可以使用它来（1）使表面变暗，如表示黑云母或角闪石的固有色；（2）增强起伏与纹皮。为了显示固有色，表面应呈细而密的圆点。然而，晶粒内粗且宽的圆点使得纹皮放大。可以用这种圆点方式表示晶粒，尤其是高折射率矿物的晶粒。当然，细圆圈要优于粗圆点，但是绘制它们也需要更多的努力。晶粒内部与靠近晶粒边缘的圆点加上粗线及相邻晶粒之间的对比度增强了高折射率晶粒与其相邻晶粒在视觉上的区分，可通过这种方式模拟薄片上的起伏。出于该原因，同一矿物晶粒之间的边界或裂缝与解理面不采用这种圆点。

内部组构是指具有显微镜观察经验的人不根据其光学性质（光学特性、折射率、最大双折射）来鉴别矿物，而是利用内部组构鉴别矿物。或者更重要的是，结合特定内部结构的光学特性：（1）含钙量较高的斜长石中的片状孪晶与钠黝帘石化；（2）有序碱长石的出溶作用与特征微斜长石孪生；（3）辉石与角闪石中的解理叠加高折射率与特征性自然色；（4）石英中的亚晶粒（通常是）与缝合晶界。相应地，薄片图中内部结构的表示同样重要。此外，内部结构以正确的晶体方向表示非常重要：（1）角闪石解理面彼此成56°角，辉石解理面夹角为87°（除非在晶轴与切口明显不对准的情况下产生剪切效应）；（2）斜长石中平行于板状晶粒（钠长石孪晶）平面或近似垂直（肖钠长石孪晶）的片状变形孪晶；（3）绿片岩与角闪岩相石英中作为一组平行边界的亚晶界。亚晶界（及可能的孪晶界）是唯一在图中以细点线显示的结构。这表明，在平面偏振光中，与晶界/相界或裂缝相反，它们不能或几乎不可识别。结合线宽及不同矿物的特征内部组构（图2.2）可以很容易地鉴别出薄片中的每种矿物，并与其他矿物明显区别开来。

波状消光、异变、干涉色及剪切效应通常属于不（不能）描绘的结构或光学特性。波状消光相对不典型，一般可以忽略。如果包含在内，细刻度点是充分表示亮暗扩散变换的唯一方法。甚至没有显示异变（如橄榄石中的纤闪石化），因为它们对于矿物表征不是必需的。通过省略异变结构来阐明重要组构是薄片图相比于照片的一大优势。然而，勾勒斜长石中的钠黝帘石化以区别于石英与碱长石可能是有用的，并且可以作为一般岩石蚀变的指示。一个例外是董青石中的弱（不完全的）羽状石化。如果这种向白云母的演变只是沿裂缝与晶粒周边出现，那么它就构成了董青石的重要判别特征 [图2.2.（12）b]。干涉色在照片中几乎没有鉴别价值，且无法在黑白图上表示。剪切效应（尤其是斜切晶界与相界）会在照片上产生严重干扰。在薄片绘图上，它们通常在扩散约束带中间为细线所代替。由此在边界划定中产生的微小误差大多无关紧要。

图2.2中描绘的典型造岩矿物示图说明了以图形方式表征各种矿物的可能性。

（1）
石英
$n=1.54\sim1.55$
0.1~0.2mm

（2）
斜长石
$n=1.53\sim1.59$
0.1~0.2mm

（3）
钾长石
$n=1.52\sim1.53$
0.1~0.2mm

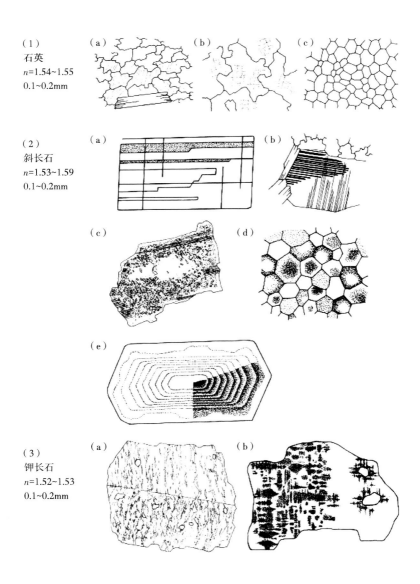

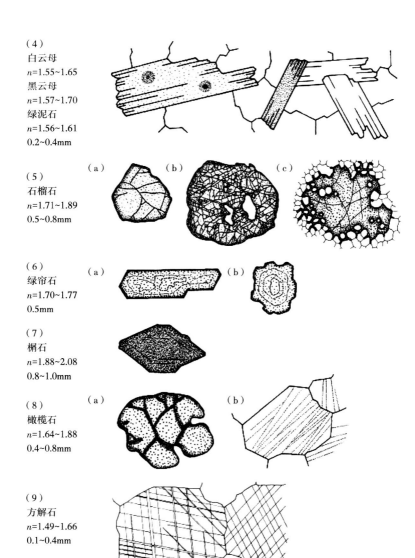

（4）
白云母
$n=1.55\sim1.65$
黑云母
$n=1.57\sim1.70$
绿泥石
$n=1.56\sim1.61$
$0.2\sim0.4mm$

（5）
石榴石
$n=1.71\sim1.89$
$0.5\sim0.8mm$

（a）　　　（b）　　　（c）

（6）
绿帘石
$n=1.70\sim1.77$
$0.5mm$

（a）　　　（b）

（7）
榍石
$n=1.88\sim2.08$
$0.8\sim1.0mm$

（8）
橄榄石
$n=1.64\sim1.88$
$0.4\sim0.8mm$

（a）　　　（b）

（9）
方解石
$n=1.49\sim1.66$
$0.1\sim0.4mm$

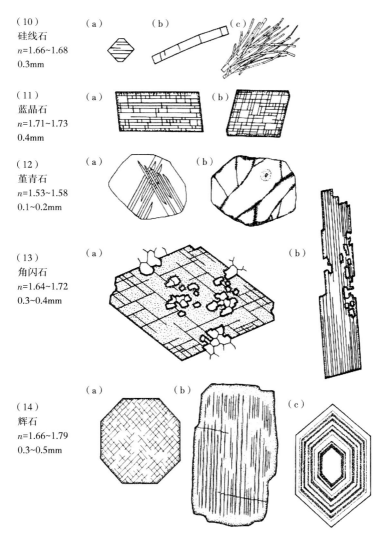

（10）
硅线石
n=1.66~1.68
0.3mm
（a）（b）（c）

（11）
蓝晶石
n=1.71~1.73
0.4mm
（a）（b）

（12）
堇青石
n=1.53~1.58
0.1~0.2mm
（a）（b）

（13）
角闪石
n=1.64~1.72
0.3~0.4mm
（a）（b）

（14）
辉石
n=1.66~1.79
0.3~0.5mm
（a）（b）（c）

图2.2　薄片中观察到的具有特征形状与内部组构的重要造岩矿物的示意图

对于每种矿物，折射率n范围（Tröger等，1979）及相应的线宽近似范围都是特定的；线宽与大约A5到A4的草图尺寸相关；原始草图中黑线条代表1cm；示意图中应明确采用特征性内部组构；所示组构代表所选定的实例，到目前为止并未涵盖所有可能的组构

2.4.2.1　石英

由于其相对较低的折射率，石英、长石及堇青石所指定的相对线宽最小。同时，石英在高于300℃的温度下表现出塑性，因而在几乎所有变质作用条件下（Voll，1976a；Vernon，2004；Passchier & Trouw，2005），某些变形结构是变质岩中石英的典型结构，如重结晶晶粒、亚晶及晶界缝合线。石英通常具有明确的亚晶界及与短、直段的缝合晶界（Kruhl & Peternell，2002），总能与其他矿物区别开来[图2.2（1）a、b]（尤其是斜长石与钾长石），很容易观察。有时可见多边形蜂窝状组构（"泡沫结构"），统计学上来说，三结点处夹角为120°，其代表一种特殊石英组构[图2.2（1）c]。当边界在三结点前弯曲时，通常会出现这些平衡角。即使将它们示意性显示，这些组构仍然包含有关温度条件及岩石变形作用、温度演化方面的信息。因此，在素描时应仔细斟酌，以免不小心显示出虚假信息。如果石英晶界遇到云母基面，那么它们将始终构成90°角[图2.2（1）a]（Voll，1960）。

尽管在平面偏振光下看不到亚晶界，仍然应该以点线表示出来，因为它们有助于区分石英与长石。此外，棱柱平行状、方格状亚晶界可以使绿片岩与角闪岩相条件下发生变形的石英与麻粒岩相条件下发生变形的石英区别开（Kruhl，1996）[图2.2（1）a、b]。

2.4.2.2　斜长石

斜长石表示的线宽与石英相同，然而，其内部组构则明显不同。孪晶线宽相对较宽且通常为锥形状生长，很容易与更薄且更尖的变形孪晶区分开[图2.2（2）a]可以很容易地与通常更薄且更尖的变形孪晶区分开[图2.2（2）b]，此外这种变形孪晶常以近乎垂直的两组出现。最重要的是，细变形孪晶是斜长石的独特特征，可用于矿物的示意性表征。因此，即使它们在平面偏振光中几乎不可见，绘制孪晶也是很有用的。较宽的孪晶可以表示为圆点或不填充[图2.2（2）a]；较细的孪晶可以用粗笔进行黑色填充[图2.2（2）b]。钠黝帘石化[图2.2（2）c]是钙含量较高的斜长石的特征，可以描述晶体中的带状钙分布。任何情况下，细云母片或绿帘石/斜黝帘石柱的平行排列都是较为典型的，其中晶体主晶格面反映其自身特征。等长、重结晶晶粒（泡沫结构）同样也是斜长石的典型特征[图2.2（2）d]，其偶尔出现的扩散变质带最好用不同程度的圆点来表示。它与岩浆晶体的分带经常是振荡的，表现明显不同[图2.2（2）e]，为节省时间，图示中只绘制了四分之一，而区域的点线边界通常足以显示分带。振荡分带是斜长石岩浆成因的重要标志，因此很有必要绘制出。然而，只有在合理情况下才能绘出典型的斜长石钠黝帘石化特征。这是由于它不仅难以表达，而且很费时间，但是它可以有助于隐藏其他特征。

2.4.2.3　碱性长石

与石英、斜长石一样，碱性长石（钾长石）也适合采用相同的线宽。钾长石同样具有典型的内部组构，特别是出溶作用及细小钠长石与肖钠长石孪生（格栅状孪生）组合。出溶作用形成不同几何形状的区域，通常是拉长的片晶[图2.2（3）a]，但由于其边界不规则，这些区域可以很容易地与双片晶区分开。根据卡尔斯巴德定律（Carlsbad law），生长孪晶很常见，但不是鉴别标志。特别是出溶作用片晶区域在结晶学上弱走向，即生长孪晶两部分上呈现位置略微不同[图2.2（3）a]。与斜长石不同，片状孪晶只与扩散边界出现"胀缩"，并且在两个相互垂直的组中[图2.2（3）b]，因此很容易与斜长石双片晶区分开。它们更容易形成于应力增加的区域，如包裹体。如果使用墨水笔或圆珠笔进行绘图，通常只能通过耗时的圆点来绘制典型的扩散片状边界。

2.4.2.4 白云母、黑云母、绿泥石

这三种片状硅酸盐晶体的形状相似：薄板状，具有直的（火成岩或高级变质岩）或凹凸不平的（低到中级变质）端面[图2.2（4）]。与石英、长石相比，折射率稍高，绘制时需要稍宽的笔。这些片状硅酸盐通过形状及解理与其他矿物进行区分。特别是在板末端，解理面较为明显。绿泥石与黑云母的大部分绿色与棕色（固有色）可很好地通过不同密度的点表示出。小包裹体（通常为锆石）周围的深色多色晕同样与鉴别特征相关，该处核部放射效应使得云母晶格受到部分或完全破坏。

2.4.2.5 石榴石

高折射率需要划线更粗，一般通过内部圆点与边缘圆点来表示高起伏与纹皮[图2.2（5）]。开口圆环[图2.2（5）a、c]相比圆点更能模仿纹皮的真实性。圆形与微弯曲裂缝网络（可能是弱或强烈变形）是石榴石的特征[图2.2（5）a、b]。张开的裂缝在薄片中通常呈深色，它们的绘制线条粗细与轮廓线相同或稍轻。包裹体主要是石英同样也可以是石榴石的有效识别标志[图2.2（5）c]。

2.4.2.6 绿帘石

根据剪切情况，部分晶面发育的圆形或细长形状是该矿物的典型特征[图2.2（6）a、b]。在含铁量较高的情况下出现轻微的黄绿色固有色，其可以通过细点重现。分带只在交叉偏光镜中可见，但可以用点线勾画并仍用作鉴别特征。

2.4.2.7 榍石

这里提及的所有矿物中，榍石的折射率最高。相应地，绘图上需要粗线表示。在薄片中，晶粒通常呈现深褐色。在绘图上，这与高折射率一起用粗点表示[图2.2（7）]。甚至偶尔出现的自形、偏菱形石英也具该类特征。

2.4.2.8　橄榄石

由于化学组成（铁与镁）及岩浆与变质成因，晶体特征可能显著不同。富含铁的橄榄石易于发生强烈的蚀变（伊丁石化或纤闪石化），具有高折射率，并且在示图中需要相应较粗的线宽。熔蚀弯陷[图2.2（8）a]同样在岩浆橄榄石中很典型，而纤维蛇纹石通常形成于晶界处或沿着裂缝（通常是弯曲的）。与石英类似，大陆下地壳上超基性体中的那些岩浆橄榄石通常折射率较低，可发育亚晶图案[图2.2（8）b]，且边界与相邻晶粒缝合。

2.4.2.9　方解石

严格来说，方解石折射率的极端差异需要的线宽范围很大，但这种方解石图形的差异让人很不舒服。因此，方解石通常用细线绘制[图2.2（9）]。方解石的内部组构在薄片中清晰可见：如解理面成75°角，与这些解理面平行的变形双片晶及解理面之间成锐角的一组片晶。由于方解石容易对应力产生响应，因此除了极细粒的物质外，几乎总是发育这种组构。

2.4.2.10　硅线石

该矿物形状比较特别的，可以很容易地勾勒出来。在横截面中，硅线石柱形几乎呈方形面，角度为88°或92°。解理总是成小角度通常很明显[图2.2（10）a]。纤维束通常由厚柱体发育而来[图2.2（10）c]。在纵截面中，柱体通常在横向裂缝处弯曲[图2.2（10）b]。

2.4.2.11　蓝晶石

该矿物同样具有特征横截面及内部组构，解理面之间及纵向截面上晶面之间的角度为78°或87°[图2.2（11）a]，横截面上晶面夹角为74°[图2.2（11）b]。解理面通常不相交但在其发育过程中相互阻塞，这和其他具有垂向堆叠解理面的矿物一致。

2.4.2.12 董青石

尽管与石英及长石中的光折射率相似并因此线宽较小，但是董青石与这些矿物之间的典型差异很容易用图形描绘。特别是旋回性孪生晶粒，其在薄片中以成角度的平行双片晶集形式出现，这在任何其他矿物中都未发现[图2.2（12）a]。同样的典型特征是沿晶界与通常是弯曲的裂缝可羽状石化蚀变为微小的白云母片[图2.2（12）b]。与黑云母及绿泥石一样，放射型包裹体可以导致呈现黄色至浅棕色的多色晕，并在董青石中呈现为细点圆形区域。

2.4.2.13 角闪石

尽管化学成分变化很大，但各种角闪石的形状与内部组构相对较为均匀。在紧凑的横截面上，外平面与解理面之间夹角为56°，而在明显拉长的纵向截面上，解理面通常较为密集[图2.2（13）]。角闪石通常在其形成环境下表现出并保持自形形状，因而自形截面图是该矿物的特征。通常强烈的固有色可通过密集的内部点来表示[图2.2（13）a]。即使没有圆点表示，解理面的窄间距同样也显得很暗[图2.2（13）b]。常见的矿物包裹体，主要是石英或斜长石，也可以作为角闪石的特征，否则该特征只出现在石榴石中出现。

2.4.2.14 辉石

与角闪石一样，辉石发育同样两组解理面，它们形成的夹角约为87°[图2.2（14）a]。而且，与角闪石一样，这些解理面往往相互阻塞。与角闪石相比，辉石晶体纵切面通常更短且更紧凑。薄的出溶片晶是可见的[图2.2（14）b]，有时反映了弱分带。如果辉石颜色较浅，则可以通过细点来表示。岩浆成因辉石，如斜辉石中的振荡分带最好通过变密度圆点来表示[图2.2（14）c]。然而，这种分带很少像此处描绘的那样明显。

2.5　快速记录的示意图

　　到目前为止，所说的内容建立了一种非正式的用于快速绘制示意图的模式。平面偏振光中的图像通常用作模板，交叉偏光镜用于补充，借助于这些可以更好地区分同一矿物的相邻晶体。快速记录意味着勾画得到显微图，并且只显示了重要部分，哪些重要取决于显微镜与记录的目的。由于岩石矿物成分被广泛界定并可以指示有关其形成条件与形成史的重要信息，即使在快速绘制示意图的过程中，不同矿物的示意图也应处于显著位置。尽管示意图通常都有标记，但单个晶体的轮廓与内部组构应该足以区分矿物。一般而言，正确描绘出第2.4节图2.2中所涵盖的一些特征就足够了，不需要精确及完整地再现这些组构。空隙不仅是允许的，而且是可取的，从而可以将时间要求保持在较低水平，前面已指出大脑如何弥补空隙。即使是示意图也应该包括比例尺。

　　组构中各个部分之间的比例必须保持合理完整。最容易的实现方式是首先用细线绘制出组构中的主要区域（矿物层、大晶粒或晶粒群、特殊的裂缝等），如有必要，在绘制示意图过程中对其进行修正。这意味着绘制示意图可以分几个步骤实现（图2.3）。在示意图的最后阶段，高折射率的矿物以粗线宽表示，沿晶粒边缘可能以密集点表示。

　　当然，即使在绘制示意图的第一阶段，也必须确保不同的矿物保留其典型的形态，如厚板状岩浆黑云母及紧凑拉长形光滑晶基或长石[图2.3（a）]。在下一步中，补充晶粒轮廓，并绘制了内部组构，如斜长石中的钠黝帘石化与孪晶及云母中的解理面[图2.3（b）]。在最后一步中，完成填充，添加忽略的组构部分，并做标记[图2.3（c）]。示意图不能有固定边框，单个矿物肯定会悬空，但它们必须与组构图案相匹配。

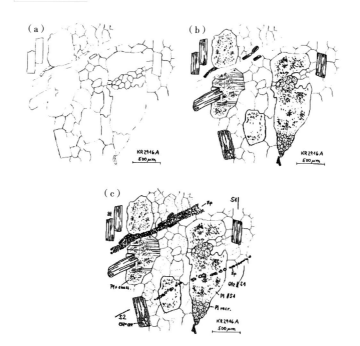

图2.3　Tauem构造窗东部（奥地利东阿尔卑斯山脉）的绿片岩相片麻岩

注：样品KR2916A；矿物组成：石英（Qtz）、斜长石（Pl）、黑云母（Bt）、绿泥石（Chl）及绿帘石（Ep）；以上为根据平面偏振光显微镜图像得出的铅笔图；原图尺寸约A4大小；线宽0.5mm，由于铅笔芯倾斜，局部线宽更细；从（a）至（c）依次连续绘图；（a）将具有相同细线宽的较大矿物晶粒与绿帘石层绘制出轮廓，以便于修正；黑云母片的端面勾勒成直线形，指示晶体的岩浆成因；（b）斜长石与黑云母中等高线与内部组构的增强；简要表示出斜长石中钠黝帘石化（sauss），以节省时间，由于晶粒边缘反映了岩浆分带，因此突显出钠黝帘石中较少的晶粒边缘，从而反映晶体的岩浆成因；（c）通过标记与填充绿帘石层、绘制石英亚晶界及添加先前缺失的第二个不完整绿帘石层，完成最终绘图；这个相对粗略的示意图用于说明岩石变形特征：（1）早期岩浆至岩浆下变形作用导致页理（S₁：黑云母、斜长石及粗缝合石英的形态定向）和斜长石局部重结晶的产生；（2）随后的脆性变形形成与S₁斜交的S₂绿帘石填充裂缝

　　如果低折射率矿物（如石英）占据了大部分绘制的区域，那么首先用细线勾画所有其他高折射率区域显得较为合理[图2.4（a）]，再通过补充轮廓及部分填充绘出这些区域，其后在石英区域添加晶

界[图2.4（c）]。高折射率矿物内部组构的完成及标记保留至最后一步[图2.4（d）]。

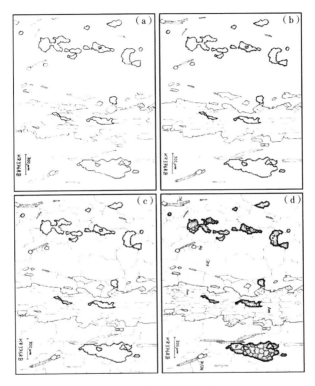

图2.4　角闪岩相片麻岩

注：奥地利东阿尔卑斯山脉Tauern构造窗米特西尔（Mittersill）白钨矿矿床；样品KR3768B；矿物组成：石英（Qtz）、角闪石（Am）、黑云母（Bt）、绿泥石（Chl）、磷灰石（Ap）及白钨矿（Tu）；上述为根据平面偏振光显微镜图像得出的铅笔图；线宽0.5mm，由于铅笔芯倾斜，局部线宽更细；单个示意图原始大小约A4大小，依次连续绘图；（a）石英区域轮廓，以勾勒出其他矿物分层与粒度分布，轮廓为细线宽，便于修正；（b）根据石英与其他矿物之间的折射率差异补充轮廓与填充物；（c）在细线宽的石英区域内进行轮廓绘制；（d）完全填充高折射率晶粒，特别是角闪石（具有解理面之间的特征角）与白钨矿晶体，完成角闪石层中的晶界（根据交叉偏光镜得到的显微镜图像）与标记；白钨矿晶体区域中的晶界显示了不规则形大晶粒及等轴小晶粒的划分范围，从而指示了白钨矿晶体的重结晶作用

首先，从切口的偏远区域对示意图中结构部分进行分类是较为实用的，以避免绘制不重要的中间区域（图2.5）。如果在示意图绘制的第一阶段，晶粒在线宽上过于相似，那么应立即对其进行标记[图2.5（a）]。当然，特征性内部结构应该在示意图的下一步绘制中表示出，以便于快速识别。在此处，也可对内部结构，如钾长石中的微斜长石孪生进行示意性表示[图2.5（b）]，这是因为其在晶体中的形成与位置通常没有指示意义。

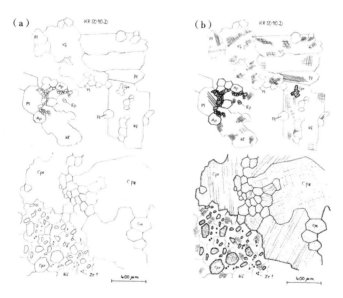

图2.5　交代叠印砾岩

Mary Kathleen矿（澳大利亚伊莎内尔山）；样品KR5090D；矿物组成：钾长石（Kf）、斜长石（P1）、单斜辉石（Cpx）、绿帘石（Ep）、磷灰石（Ap）及锆石（Zr）；以上为根据平面偏振光显微镜图像得到的三幅铅笔素描图；示意图原始尺寸为A4纸大小；绘制过程分两步进行：（a）对相同线宽与标记的所有晶粒进行轮廓绘制；（b）补充晶粒轮廓与特征性内部组构：斜长石中的双片晶、钾长石中的扩散格状（微斜长石）孪晶及单斜辉石中的解理面。这些内部组构可示意性显示，即粗略地表示其真实组构以区分矿物的类型，与内边界线宽相比，辉石与其他低折射率矿物之间的边界线宽有所增加尽管用铅笔不能轻易改变线宽，但最重要的造岩矿物在形状与内部组构上通常具有足够的差异，因此几乎不需要标记。在含云母的岩石中，云母在其板状结构、解理面及变质岩中磨损的晶基（图2.6，图2.7）上特征都非常明显，同样可通过点线突显出的黑云母与绿泥石的固有色与白云母形成鲜明对比。如果折射率类似的矿物具有相似的晶粒形状，如绿帘石—磷灰石、石榴石—十字石或红柱石—长石，那么附加标记是有益的。

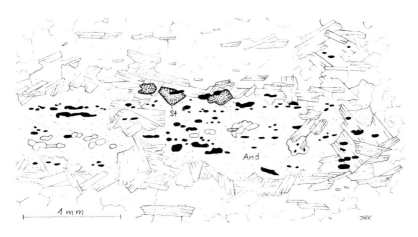

图2.6　角闪岩相红柱石片岩

意大利北部瓦洛纳西阿尔卑斯山塞西亚地区；样品KR1481；矿物成分：石英、白云母、黑云母、红柱石、十字石及不透明矿石；根据平面偏振光显微镜图像得到的铅笔图；原图约A4尺寸；黑云母与白云母具有相似线宽的轮廓，并且解理面通常在薄片状晶体端部附近较为显著；棕色固有色的黑云母用细点线表示，但没有考虑无意义的由于多色性引起的不同颜色强度；与云母相比，缝合石英晶界及其直面以更细的线宽绘制；少数亚晶界以点线绘制；基于十字石折射率相对较高，三个小圆颗粒（St）通过粗的晶界线与粗的内部点线绘制出相对于周围晶粒组构的明显轮廓线

即使用黑色圆珠笔，也可以快速将微组勾画到纸上（图2.7）。圆珠笔相比铅笔的优点在于即便是细线与点线也能产生对比度。然而，在素描过程中需要经验与确信度，因为修正既耗时又难看。

　　为了便于在整个截面上定位较小的截面或表示其相对于较大结构的位置，可以将总截面的小型概略图包括在内（图2.8）。即使在该例子中，可以轻易勾勒出大范围的组构[图2.8（a）]，然后再通过线宽与内部组构相互参照刻画[图2.8（b）]，但最终结果不仅要补充标签、其他内部结构及晶向，还会增加放大截面[图2.8（c）]。当主要组构部分太小而无法合理地按比例包括在内时，这种放大的截面往往是有用的。

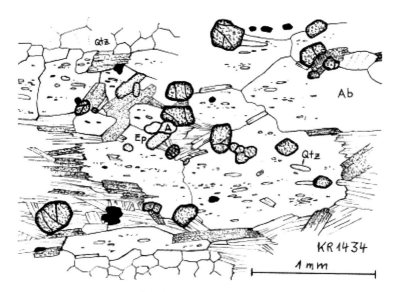

图2.7　Barrow变质作用石榴石带的石榴石—钠长石片岩

苏格兰高地达拉德组（Dalradian），苏格兰罗蒙湖阿德林电站；样品KR1434；矿物组成：石英（Qtz）、钠长石（Ab）、白云母、黑云母、石榴石、绿帘石（Ep）、磷灰石（Ap）及不透明矿物；根据平面偏振光薄片图像得到的写意圆珠笔绘图；通过圆珠笔尖上的不同压力来改变线宽；原图约A5尺寸。石榴石、绿帘石及磷灰石晶粒作为最初的支撑点，随后，绘制出云母与钠长石晶粒，最后是石英与钠长石包裹体。为了节省时间，绘图可以不完整。黑云母与白云母的线宽相同，但可以通过黑云母的内部点线来区分。磷灰石（Ap）与绿帘石（Ep）的不同之处在于它们周围的钠长石—白云母线条较粗，并且相互间模拟两种不同折射率矿物的点线也是不同的

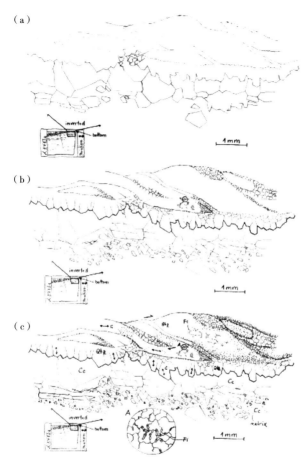

图2.8　Zuccale断层角砾岩

意大利厄尔巴岛Punta di zuccale；样品ZV13a；矿物组成：石英（Qtz）与方解石（Cc）；根据平面偏振光薄片图像得到的铅笔绘图；原图A4尺寸；依次连续绘图；（a）做出较大的石英与方解石区域的轮廓，以勾画出分层、记录比例及晶体分布。另外，薄片中的结构位置、薄片相对于样品与线理（条纹）的走向及样品相对于断层（底部）都要有所指示；（b）增加栅栏—石英—方解石边界的线宽及填充物与小型结构的绘制；（c）绘制（1）细粒区域；（2）流体包裹体（FI—仅局部绘制以节省时间）；（3）放大的截面（A）以更好地显示流体包裹体；主要石英c方向与假设剪切指向的标记与指示

快速记录绘图只需要部分可能不完整，仅限于最基本的组成要素。尽管如此，就正确重现矿物与组构而言，应遵循最低标准。快速记录绘图是显微镜观察的重要部分（如果不是最重要的部分）。它迫使观察员进行精确观察并思考所看到的内容。只有补充绘图才能进行充分的显微镜观察，这意味着绘图与操作显微镜应该始终同时。

图2.6主要为几毫米大的细长红柱石晶粒（And），均匀分布的细颜料（红柱石的特征）通过点线表示。该图无法精确复制出薄片图像，但设计为这样的方式可以快速且容易地识别特征组构。这样的绘图信息密度较高，可以给出有关岩石变形与变质作用史的明确定论。十字石中略呈细长的矿石与部分线性排列石英包裹体及粗粒石英中的微小白云母包裹体标志着与早期页理有关。这些石英晶粒可能在红柱石形成后及在高温下持续或随后发生的变形作用过程中不断生长并超过较小的白云母与黑云母片。石英外的云母明显粗化，大的红柱石晶粒完全由白云母覆盖，而白云母的大小与随机走向表明其是在变形作用衰退后及高温环境下形成。

图2.7无法精确复制出薄片图像。然而，请注意图上那些重要鉴别特征是清晰可见的。（1）云母与钠长石变晶的优势方向及钠长石中白云母与石英包裹体的部分带状走向，这些都是早期页理标志；（2）钠长石变晶外的云母片，其方向斜交于页理；（3）缝合晶界与局部出现的亚晶界（点线），可将石英与钠长石区分开，尽管二者线宽相似；（4）云母—钠长石边界的缝合，表明了钠长石在云母上的生长。

2.6　绘制精确薄片图

适用于快速草图的那些同样也适用于精确薄片绘图，无论是根据照片还是屏幕模板（借助于绘图管或是徒手绘制）。平面偏振光图像通常用来作为绘图模板并替换交叉偏光镜作为补充。除某些例外情况外，一般使用墨水笔或毡头墨水笔（描线笔）完成绘图。但是，绘图首先应该用铅笔完成，以便进行修正。绘图大小取决于将包含哪些细节。如果有必要，建议开始绘制得较大一些，后面再数字化缩小。这样，在另一步骤上往往可以减少最细的线条。

与快速草图一样，使用铅笔绘制精确图时，不同矿物晶粒应加以标记或以典型内部组构作为标志。例如，辉石与角闪石中的窄间距解理面、石榴石中的弯曲裂缝或不透明晶粒中的粗略交叉影线，这些在最终素描上要完全涂黑[图2.9（a）与图2.10（a）]。如果通过矿物晶粒形状可以彼此清楚地区分矿物，那么可以省略这些标记，如云母与石英[图2.11（a）]。尽管如此，在这种情况下，突显矿物特征也是有意义的，例如：（1）在云母中，晶体底部清晰可见的解理面；（2）在石英中，平直段上的缝合晶界[图2.11（b）]；（3）辉石中的窄间距、平行解理面或细出溶片晶[图2.9（b）]。这种严格的平行线条及斜长石中细平行双片晶最好用尺子绘制。

用墨水笔描摹出晶界的铅笔图，不同的矿物具有不同的线宽。一次绘制一种矿物而不是在整个区域（如从左到右）进行绘制是较为合理的。一方面，不需要频繁换笔；另一方面，可以最大限度地减小线宽误差。最好以折射率最高的矿物（等同于线宽最大）开始，绘制所有这类矿物晶粒的轮廓，然后按折射率减小的顺序进行其他矿物晶粒轮廓的绘制。那些想要（并且时间充足）的当然也可以扫描铅笔图并通过图像编辑重新绘制。对于复杂的晶粒组构，在绘制内部结构之前完成黑白线条绘制是较为合理的，或者只是对内部结构进行提示。否则，轮廓与内部结构很容易在错综复杂的线条中混淆。

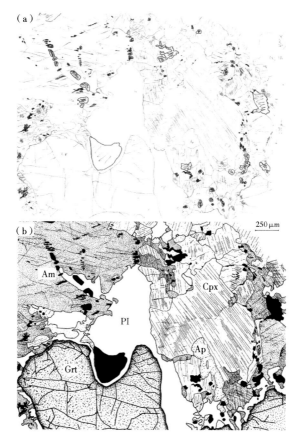

图2.9　角闪岩相条件下发生变形的Finero复合体变辉长岩

南阿尔卑斯山伊夫雷亚带；意大利北部Valle Cannobina；样品KR740；矿物组成：石榴石（Grt）、单斜辉石（Cpx）、角闪石（Am）、斜长石（Pl）、磷灰石（Ap）及不透明矿石；原图约A4大小；（a）根据平面偏振光薄片图像得到的铅笔素描，所有晶粒轮廓与内部组构以等线宽绘制；矿物以影线标记，以内部组构为标志；矿石晶粒轮廓采用黑色线；（b）用墨水笔完成最终素描。石榴石的高起伏以0.5mm线宽及沿晶界的点线表示；通过较粗的内部点线（线宽0.5mm）表示高纹皮；辉石与角闪石晶粒的轮廓用线宽0.35mm绘制；斑状区域中的密集平行线表示细出溶片晶；角闪石的棕色固有色以密集点线表示出，与辉石的浅绿色相比对；这种对比清楚地显示了角闪石—辉石共生；斜长石保留空白，以增加与其他矿物的对比度

图2.10 角闪岩相条件下形成的Finero复合体变辉长岩

南阿尔卑斯山伊夫雷亚带；意大利北部Valle Cannobina；样品KR741-3；矿物组成：石榴石（Grt）、单斜辉石（Cpx）、角闪石（Am）、斜长石（Pl）及其他矿物（不透明）；借助于绘图管，根据平面偏振光薄片图像得到的绘图，大小为A4尺寸；（a）以等线宽绘制的晶粒轮廓与内部组构铅笔绘图；（b）在（a）基础上，用描图纸得到墨水笔绘图；通过不同线宽及填充物表明不同矿物颜色与折射率的对比：石榴石线宽0.5mm、角闪石线宽0.35mm、单斜辉石线宽0.35mm；石榴石的强纹皮与高起伏通过内部点线与沿晶界上的点线（0.5mm）来表示。密集点线（0.35mm）与沿晶界上的粗点线表示角闪石的深绿色固有色与角闪石起伏，其分别与周围斜长石形成对比。角闪石与斜长石在石榴石、单斜辉石及矿石晶粒之间形成粗后成合晶。通过细点线（0.35mm）及平行解理面将浅绿色单斜辉石与角闪石在视觉上分离开。尽管斜长石双片晶在平面偏振光中是不可见的，但还是将其绘制成点线，以便显示出斜长石晶体部分的微形变。沿单斜辉石边缘的细后成合晶及包裹的小矿石晶粒（黑色）以近似平行的线条（线宽0.25mm）表示

在组构详图上，应突显内部结构并精确绘制，精确度很重要。通常而言，解理面很少交叉。一个解理面在遇到另一个解理面时终止[图2.2.（11），图2.2.（13），图2.2.（14）]，反映出各解理面张开时间不同。即便晶界段因剪切效应而在显微镜下显示为弯曲的，但石英及其他矿物（如橄榄石、长石、方解石）中的晶界段还是应绘制为直的而不是弯曲的[图2.2（1），图2.2（4），图2.2（8b），图2.2（9），图2.4，图2.6，图2.7，图2.11]。然而，石榴石与橄榄石中的裂缝必须表示为弯曲及分层结构[图2.2（5）和图2.2（8a）]。云母中的解理面主要出现在通常粗糙不平的晶基上，而在晶粒内部则较少出现。

一般而言，内部结构线宽应略小于晶界线宽，如在裂缝的任一侧上的折射率是没有差异的。然而，这种线宽的减小仅仅出现在更高折射率的矿物上。一旦裂缝张开（通常是如此，类似于晶界、相界），它们在平面偏振光薄片上即显示为强烈的深色线，这同样也应该是绘制它们的方式。

在较大的晶体中，固有色只能通过内部结构的压缩部分表示出，这可能与自然条件偏差太大有关。例如，通过细点线表示出黑云母与角闪石的固有色[图2.7，图2.9（b）]。对于黑云母或角闪石中的深色多色晕同样如此，最好以细而密集的点线来表现。通过不同密度点线，不仅仅是小点或大点。其他类似矿物如角闪石与辉石之间的颜色差异同样可以清晰显示出[图2.9（b），图2.10（b）]。

当折射率较低的无色矿物（尤其是石英与长石）构成组构背景时，为更强烈地突显其余矿物晶粒的轮廓[图2.9（b）]，将这些区域留空是较为合理的，除非内部组构需要传达出重要信息[图2.10（b）]。即使没有晶界，也可以借助内部组构来表示晶粒形

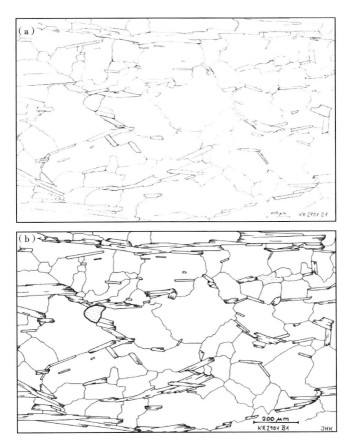

图2.11 Silbereck层序云母片岩

奥地利东阿尔卑斯山Tanern构造窗东部；样品KR2901B，矿物组成：石英、白云母、绿帘石；借助于绘图管绘制A4尺寸的薄片图像；（a）以等线宽进行所有矿物的铅笔绘画；（b）在描图纸上进行（a）的墨水笔绘图；白云母线宽0.35mm、石英线宽0.25mm、绿帘石线宽0.35mm；石英中点状圆形区：填充环氧树脂的孔；图2-11在修改过程中，加深了白云母片末端的解理面，以增加白云母与周围矿物之间的对比度。在初始铅笔画中，石英晶界描绘成具有尖角的平直段，这是石英的特征，但不是快速示意图中通常所显示的圆形。石英其他特征包括：（1）在三结点处突显为120°角，通常由三结点处的短弯曲段实现；（2）石英晶界与云母平面相交为直角，同样由云母平面上的短弯曲段实现

状，例如，当存在细粒填充物时内部组构即可表示出晶粒形状（图2.12）。在平面偏振光下难以或无法检测出的内部结构（特别是亚晶界、孪晶边界、变形片晶、窄扭结带），通过有或无点线来表示，该点线往往应采用小圆点实现。为了使素描视觉上看起来舒服，选择性地绘制非常重要，即省略那些不重要或认为不重要的内部结构。例如，晶粒蚀变、斜长石中的钠黝帘石化、堇青石中的羽状石化、橄榄石中的蛇纹石化。然而，如果这些结构对于矿物鉴别很重要，那么应该绘制它们。亚晶结构通常出现在石英中[图2.2（1），图2.6，图2.7]，同样也出现在橄榄石中[图2.2（8）b]。沿晶界或裂缝上向白云母出现的细粒蚀变结构在堇青石中具有重要鉴别意义[图2.2（12）b]。钾长石[图2.2（3）]中的出溶片晶与微斜长石孪生结构（难以绘制！）及斜长石中的变形孪晶结构[图2.2（2）b]有助于识别薄片中的两种矿物，以及有助于在薄片绘图上将二者区分开。

绘制含多种矿物的高度结构化组构，同时这些矿物在某些程度上相似，这正是其难以绘制之处（图2.13a）。在这种情况下，有必要：（1）通过强化或弱化内部组构或将低折射率矿物（通常为石英或长石）留空以增加晶粒之间的对比度；（2）将相同矿物晶粒区域组合在一起，即省略晶界或简要指示；（3）以稀薄的无点线晕从视觉上突出高折射率晶粒（图2.13b）。

在A4原件中，不同矿物的线宽如下：黑云母线宽0.17mm、堇青石线宽0.25mm、硅线石线宽0.35mm、石榴石线宽0.5mm。通过两种方式可以增加黑云母与堇青石之间的对比度。首先，密集而均匀的点线使黑云母显得相对较暗；其次，沿晶界与裂缝的短而密的影线表示堇青石的特征性羽状石化结构，使其晶粒边缘更为突显。这

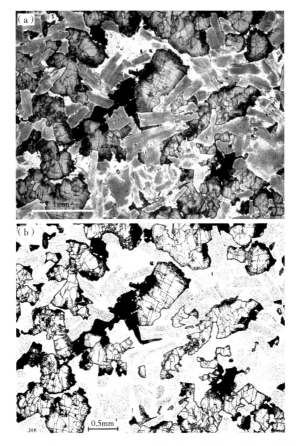

图2.12 来自Mailam/Pondicherry地区（印度南部）的深色辉长岩

样品KR5018；矿物组成：单斜辉石、斜长石及矿石；（a）显微照片（平面偏振光）；颗粒不超过1mm的无色斜长石呈片状，无解理面，核部显示为深色；富钙晶体（钙含量约55%~60%的拉长石）形成单斜辉石填充的网格；单斜辉石为他形；它与块状矿物（不透明）共生，并与细矿物颗粒分离开；（b）显微照片（a）的绘图；将描图纸放在显微照片上，使用墨水笔绘制；原始尺寸约A4大小。斜长石的不同着色量以不同点线突显出，因而在没有绘制晶界的情况下，可以直观看出晶体的片状及其连生结构。单斜辉石折射率较高的轮廓可通过沿晶界的密集点线而不是更高的线宽来表示。通过补充的内部点线与裂缝能够增加斜长石的视觉对比度，这种内部点线同样反映了弱分带（线宽0.25mm，如晶界）

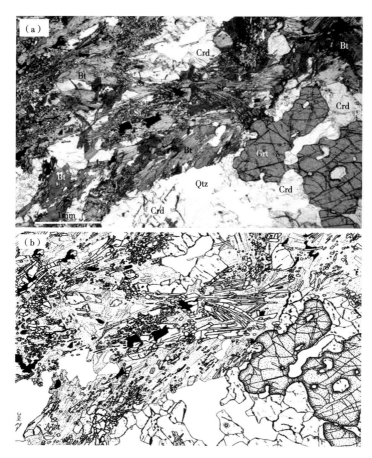

图2.13　海西大陆下地壳化石上的榴云岩

意大利南部Serre/Calabria地区；样品KR3279；矿物组成：石榴石（Grt）、石英（Qtz）、黑云母（Bt）、硅线石（Si）、董青石（Crd）及矿石（不透明）；（a）平面偏振光显微照片；（b）将描图纸放在显微照片上，使用墨水笔绘图；原图尺寸约A4大小。该绘图的目的之一是显示出硅线石针与大量董青石的分布及随机走向。石英晶界与内部组构未进行表示，因而石英构成了绘图的白色背景，这与石英折射率相对最低相一致。此外，还增加了图中明暗对比度的总体范围与锆石周围的特征性多色晕相结合，即便在没有标记的情况下也可以识别出堇青石。在此不考虑黑云母与多色性相关的多变固有色，同样也没有显示或仅略微描绘其晶体轮廓，由此避免了不必要的绘图复杂度，而黑云母晶体的不同走向可以由不同的晶粒形状表示。根据细柱状、菱形横截面及特征性解理，硅线石的鉴定相对较为简单。为增加硅线石针的对比度与可见度，省略了靠近硅线石的黑云母中的点线。如果石英晶粒形状不明显，那么将石英区域完全留空是较为合理的。石榴石的绘制通常是另一个极端，石榴石在所有造岩矿物中折射率最高，纹皮最强。可以通过沿晶缘的粗点线表示高折射率，以密集的内部点线表示强纹皮感。

特别是在显微照、初始铅笔素描及最终墨水绘图的比较中，能够看出墨水绘图的优点（图2.14）。在显微照中，视觉上类似的矿物（如橄榄石与单斜辉石）难以区分，甚至斜长石鉴别也只能由岩石矿物组分来推测。从视觉上来看，它不应该呈现为这样[图2.14（a）]。在初始铅笔素描图中很难判识的部分[图2.14（b）]可以在最终墨水图中得到视觉上的突显[图2.14（c）]。凭借重要的内部组构与明显的分级线宽，可以很容易地区分各种矿物。

绘制内部组构的方式取决于绘图尺寸，或者更确切地说是分辨率。在整个薄片的概览图中，单个晶粒通常相对较小，其内部结构无法或几乎不可表示。在这种情况下，保留具有内部结构的晶粒的示意性填充是较为有效的。这些有助于表征单个矿物，并将它们相互区分开。在较小的晶粒中，它们还有助于提高对比度并突出固有色。例如，辉石中解理面间距较窄而长石中解理面间距相对较宽，从而可保留两种矿物之间的亮度差。

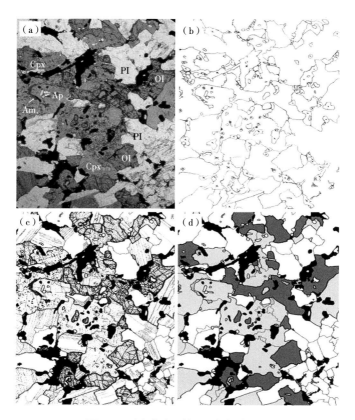

图2.14　哈尔茨山（德国）辉长苏长岩

样品M6；由慕尼黑工业大学地质系进行的薄片采集；矿物组成：斜长石（P1）、闪石（Am）、单斜辉石（Cpx）、橄榄石（Ol）、磷灰石（Ap）及其他不透明矿物；照片的长边5.7mm；单个绘图的原始尺寸约A4大小；（a）平面偏振光得到的显微照片；（b）将描图纸放在显微照片（a）上，对晶界进行铅笔绘图；矿石晶粒用x标记；（c）在显微照（a）的基础上，依次对高折射率矿物至低折射率矿物进行墨水绘图：（1）使晶粒变为黑色；（2）以适当线宽从高到低绘制所有矿物晶粒的轮廓：橄榄石线宽0.7mm、辉石与角闪石线宽0.5mm、斜长石线宽0.25mm；（3）填充橄榄石晶粒，包括裂缝及沿晶界与内部的点线；（4）填充单斜辉石晶粒（解理面、出溶结构以短粗划线表示，细的内部点线）；（5）角闪石晶粒的密集内部点线，从而与辉石产生亮度对比；（6）尽管斜长石孪晶仅在交叉偏振光中可见，在显微照片（a）中不可见，因而以双片晶（线宽0.25mm的点线）表征斜长石；（d）用四种灰色调进行线条图的数字处理

在这样的概览图中，通过省略部分特征以节省时间及在视觉上呈现得更简单都是较为有益的。如果绘图太满，那么对比度即消失，并且难以检查结构细节。这同样是心理问题，其主要因（但不限于）绘图时的空缺而产生。然而，要阻止这种填补绘图上的空白的冲动并不容易。如果注意到绘图过满，通常为时已晚，只能通过协调绘制或图像数字修正来弥补。

在云母含量较高的岩石（如片岩）概览图中，云母最好用细短线绘制（图2.15，图2.16）。利用这种方式可以显著地表示出页理

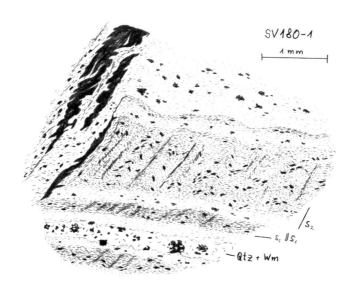

图2.15　海西基底部绿片岩相变泥质岩

意大利撒丁岛西北部阿真耶拉地区；样品SV180；矿物组成：石英（Qtz）、白云母（Wm）及矿石（不透明）；根据平面偏振光显微照片得到的铅笔绘图；原图约A5尺寸；线宽0.5mm；铅笔倾斜绘制会使得线条更细；S_s表示层理；S_1表示初次变形事件页理；S_2表示二次成层事件的页理（细褶皱劈理）；白云母片以划线表示；不透明矿物颗粒与块状物表示为黑色；石英晶界未显示出，以避免填充过多，使得绘图不清晰；大矿物块状物的微小内部组构反映了页理走向，通过适当的划线方向（从左下角到右上角）表示出

与褶皱。可根据线的长度估计云母片尺寸，而线与线之间的距离可指示云母含量。低云母含量（主要富含石英）层的特点是距离较大（图2.15），而富含云母层或页理（由褶皱作用发育而来）通常距离较小（图2.16）。这两种情况下得到的绘图结果与显微照片结果非常相似。在致密的石英层中，仅绘制出部分晶界指示石英组构是较为合理的（图2.16），但同样需要谨慎，因为线条太多的绘图很容易负载过多。

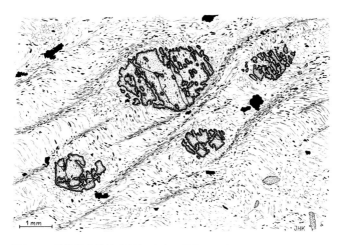

图2.16　苏格兰高地达拉德组（本尼维斯山以东）石榴石—云母片岩

样品AH168B；矿物组成：石榴石、白云母、石英、绿帘石及不透明矿物；借助于绘图管，由平面偏振光薄片图像，铅笔绘图得到的墨水笔绘图；原图尺寸约A4大小。第一个页理由白云母片与片状矿石晶粒构成，同时作为石榴石变晶中定向、细长的石英与矿石晶粒的残留物得以保留。页理发生褶皱，从而导致形成弱的细褶皱劈理。通过线宽0.25mm的点线来表示石榴石中的高纹皮，以及线宽0.5mm的沿晶界（线宽：0.35mm）点线来表示晶界高起伏

图2.15并不能精确表示薄片图像，由于时间限制，仅示意性地展示了重要结构。S_1 与 S_s 走向平行，其与于 S_s 的结构及局部出现的细褶皱劈理 S_2 均显示得较为良好，因仅呈现出云母片，因而富云母

层更暗。这些结构已反映出很多信息；（1）S_2仅出现在富云母层中；（2）S_2走向与S_8成大角度；（3）小矿石薄层走向与富云母层中S_1平行，但S_1结构在富石英层中的缺失则很突出。最有可能的解释是，图中下部的石英层代表了许多石英脉中的一个，这些石英脉通常在平行于S_1的初次变形事件过程中形成。尽管没有绘制出石英脉上的石英晶粒，但同样可以从云母片分布与尺寸推断出它们尺寸均匀，形状通常为等角多边形。图上左边缘的矿石层与S_2平行，但其下部结构遵循与S_1一致。这表明矿石是S_2形成过程中，即二次变形事件过程中流体产生的。石英脉与富石英层上矿物的部分网状分布进一步证实了流体搬运及矿物多沿晶界形成。石英脉边缘处较大的方形不透明晶粒显示为黄铁矿矿相。

在石英—长石岩的概览图中，均匀细粒区域最好通过均匀的点线来表示（图2.17）。与薄片中一样，这些区域将会比粗粒石英与长石区域显得更暗。此外，最好仅提示裂缝形式。除了需要大量的时间之外，精确表示会使绘图过多填充并遮掩重要的组构特征，而完全空白描绘的石英背景可确保图上具有良好的对比度。任何时候，只要矿物区域与主要相之间的边界很重要时，建议将主要相保留为空白（图2.18）。这有助于突显边界上的内部组构，如该示例中硬玉与石榴石的后成合晶边缘。

白云母没有绘制为单晶体，而仅以细划线（线宽0.25mm）表示，并突出了晶粒走向，故片岩基质在未损失细节的情况下看起来很细微。类似地，石榴石变晶掩盖下的石英边界仅在局部略微显示出（线宽0.25mm）。完全绘制这些边界会使石英区域不成比例地显暗。通常，绿帘石以少数细长晶粒形式出现，内部点线（线宽0.25mm）可以将绿帘石与低折射率白云母区分开，并从视觉上将其与白云母基质分离开。

图2.17 华力西大陆下地壳化石上的伟晶岩

意大利南阿尔卑斯山Alpe Scaredi瓦洛纳地区伊夫雷亚带；其在退化的绿片岩相条件下发生强烈变形；样品KR2061；平面偏振光显微照片得到的墨水笔绘图；原图尺寸A4大小；线宽一般为0.35mm，斜长石内部线宽0.25mm。该绘图旨在显示斜长石（Pl）中强脆性变形与石英（Qtz）中晶体—塑性变形之间的差异。通过折线表示较大斜长石晶粒上主要平行于解理面的强碎裂作用，只有局部斜长石变形李晶以细的平行线标记出。忽略石英层中的晶界，以增加与斜长石的视觉对比度。石英层局部为透镜状，并且在斜长石晶体周围弯曲，从而突显出石英的强晶体—塑性变形作用。由石英、斜长石及白云母组成的细粒基质均均匀点状表示，看起来显暗，但与薄片图像相对应。石英区域未显示晶界，从而增强了视觉对比度并阐明了岩石的粗晶结构

在涵盖薄片大部分区域的概览图中，需要更加简化与示意化。概览图中的精细、均匀结构，如火山岩中基质，很容易通过松散点状（图2.19）示意性地表示出，或者更彻底地通过敞开空间示意性地表示。仅局部绘制大尺度填充物既节省时间又具有视觉效果。如果基质走向良好，在可见范围内可通过绘制短划线来指示小晶体的优先走向（图2.20）。因此，示意图背景要在视觉上保持简单，并保留斑晶的可见度。

图2.18 硬玉石英岩

翡翠石英岩(中国大别山双河地区);样品RP01;矿物学组成:石英、翡翠、石榴石、蛇纹石沿翡翠和石榴石裂隙分布,钠长石和在翡翠和石榴石边缘的辛榴石;将描图纸置于平面偏振光薄片图像上绘制得到的图;原图尺寸约A3大小;使用毡头墨水笔,线宽0.1~0.8mm。未显示石英晶界,因而突显出了石英与其他矿物之间的相界几何形状,特别是沿页理的尖角结构(大约平行于图的长边)。由于翡翠粒中没有辉石典型的解理面,因此与石榴石的区别是由高的点和线产生的特别高的视觉对比度来保证的。不同长度的画线标志着辛榴石相对于薄片表面的不同走向

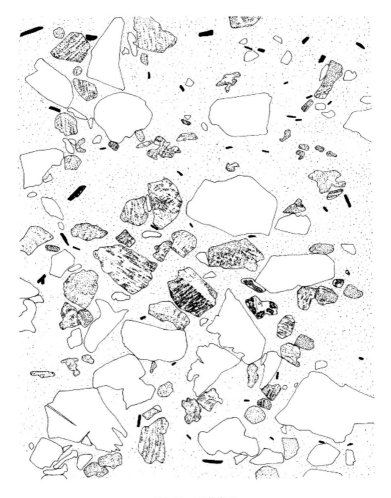

图2.19　石英斑岩

意大利南提尔诺博尔扎诺地区；样品M64；慕尼黑工业大学地质系薄片采集；矿物组成：（1）斑晶：长约0.5~1mm、半形至自形的石英，部分具有熔蚀弯陷；长约0.5~1mm的钾长石与斜长石；微米大小的薄片状黑云母；（2）细粒基质：石英、黑云母及长石，石英完全保留空白；长石填充内部组构；为节省时间及增加与石英的对比度，以细微的示意性点线表示基质；将描图纸置于两张合并的显微照片上，绘制得到显微镜图像（平面偏振光）的墨水绘图；原图A3大小；线宽0.25mm

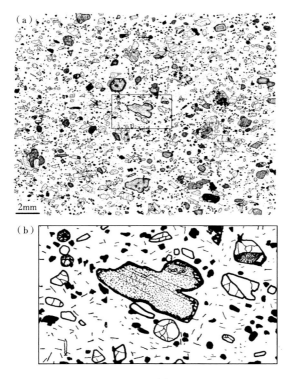

图2.20 碱玄岩

捷克共和国波希米亚科萨尔地区；样品M45；慕尼黑工业大学地质系进行的薄片采集；
（a）将描图纸置于显微照片上，绘制出六张合并（约30%重叠）的显微照（平面偏振
光）的墨水笔绘图；原图尺寸约A2大小；矿物组成：（1）斑晶：具有反应边结构的深
棕色角闪石，半形浅绿色—褐色单斜辉石及不透明矿物；（2）细粒基质：主要是薄片
状斜长石与其他矿物；在基质中，与显微照相比，只用短划线勾勒出较大的斜长石条
带，以保持斑晶可见。类似于角闪石与辉石斑晶，基质中可见局部晶体呈弱东西向排
列。相比于以斜长石为主的基质，角闪石与辉石斑晶表现出更高的折射率，其晶体轮
廓以更高的线宽表示（原图尺寸A2下线宽为5mm）。棕色角闪石的强固有色通过密集点
状来表示，由于辉石中固有色明显较弱，因而没有这种密集点状。此外，这种点状表
示可以显示某些斑晶中可见的分带，如图像右上部分。角闪石中解理面与辉石中裂缝
需要以较小的线宽表示（原图尺寸A2下线宽为0.25mm）。（b）为（a）图中的部分细节
显示；即具有反应边结构的角闪石斑晶；均匀的内部点状仅代表固有色，而较小的辉
石则没有点状表示；这一放大图还说明了斑晶周围流动面存在局部变化

岩石薄片手绘方法：

（1）平面偏振光显微镜图像（或其照片）用作模板，交叉偏光镜图像作为补充。

（2）用铅笔绘出所有的晶粒与相界，忽略或只有提示性填充物。

（3）设置不同矿物之间的边界线宽（图2.2）：①折射率差越大，线宽越高，但需要根据具体情况调整线宽模式以获得更好的对比度；②用墨水笔描绘边界图案。

（4）注意晶界处的折射率差异，同一矿物晶粒之间边界处的折射率差异最小或不存在；如果完全绘制，那么这些边界应以较小的线宽进行绘制。这在低折射率矿物（如石英、长石）中没有重要意义，但在高折射率矿物（如辉石、石榴石）中则具有重要意义，需注意例外情况。

（5）使不透明矿物晶粒变暗。

（6）如有必要，扫描绘图进行数字化改进。

（7）不要在整个范围（如从"左"到"右"）绘制，而是一次绘制一种矿物。从高折射率到低折射率，即线宽从大到小。

（8）对精细结构如火山岩中基质可进行示意表示，即点状线表示，仅局部绘制或将整个区域留空。

（9）绘制较大晶体的内部结构：

①解理面、裂缝等以实线表示，通常比晶界略粗，注意例外；

②孪晶与亚晶界等细微（如点状线）表示，且只有在具有矿物鉴别意义时适用，因为这些结构只在交叉偏光镜下可见并且只有它们具有判别重要性即可；

③如有必要，使用尺子突出并精确绘制典型矿物结构，如角闪石中解理面；

④选择性地绘制或不显示非重要结构，如斜长石中钠黝帘石化，但要注意例外；

⑤通过不同密度点状线来表示固有色，如黑云母、角闪石，从而使得晶粒适当显暗；

⑥以粗的内部点线或细圆表示纹皮，并以边缘周围的点线来表示起伏。

这些步骤通常也适用于数字素描。

2.7　薄片手工素描的数字化改进

如果薄片绘图不仅用于快速记录或图像观察，同时还用于出版物或海报上的展示或用于进一步研究分析，那么则需要进行数字化处理以便更好地展示。该过程可以通过简单的图像编辑方案来实现，这种图像编辑也可利用现有开源软件进行。

由于数字绘图存档是较为可取的（具有足够的分辨率，即分辨率超过300dpi），因此已存在用于数字修正及补充的模板。标准的修正步骤包括增强对比度及通过"腐蚀"或"掩膜"功能对线条进行"锐化"。此外，去除不准确的线条或弥补空隙显得较为容易。如本节中的许多示图所示，采用印刷字符或线条、箭头及其他符号进行标记可增加绘图的可读性与指示性。

如果主要是晶体形状与分布而不是内部结构具有重要意义，那么数字填充是很有效的手段。它有助于区分具有相似折射率与相似内部组构的矿物，并突出小的矿物包裹体[图2.14（d）]。在复杂的分布图案中，数字填充有助于增强各个相的可见度[图2.21（c），图2.21（d）和图2.22（c），图2.22（d）]。通常填充是以不同的灰色调进行的，因为它们是中性的，因而无法表示出任何内部组构，在此处表现出原始手工素描的明暗差异是较为有意义的。具有固有色、致密内部组构或高折射率的矿物具有高起伏与高纹皮感，因而以最深的灰色调显示出[图2.14（d）]。如果违背该规则，那么绘图效果肯定会使人感到不舒服[图2.21（d）]。然而，一般而言，只有少数相的分布与比例可通过这种方式在视觉上直观地表现出来（图2.23）。

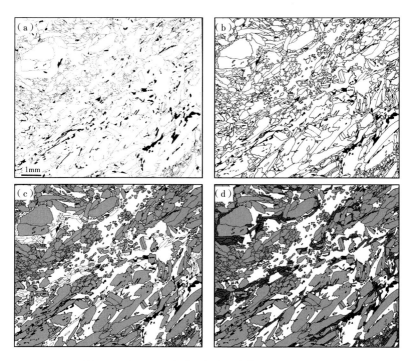

图2.21　Silbereck变质沉积岩层的蓝晶石—云母片岩

奥地利东阿尔卑斯山地区Tauern构造窗东部；样品KR2928C；（a）借助于绘图管（平面偏振光）得到的薄片绘图；由铅笔在纸上绘制，原始尺寸A4大小；在绘制第一步中，勾勒出蓝晶石轮廓并将不透明矿物晶粒填充为黑色；（b）用墨水笔绘制出蓝晶石与白云母晶粒轮廓，蓝晶石的线宽较高；石英基质保留为空白；（c）将绘图（b）扫描后进行数字化处理（蓝晶石的灰色填充）；灰度级H、S、V、R、G、B=0, 0, 82, 210, 210, 210；（d）在（c）中加入深灰色的白云母填充物；灰度级H、S、V、R、G、B=0, 0, 56, 143, 143, 143

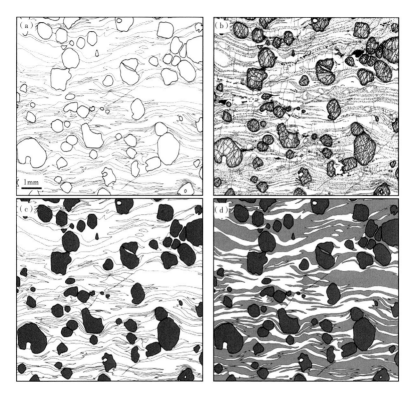

图2.22　高温糜棱岩（来自Ivrea区，意大利南阿尔卑斯山奥索拉山谷库洛罗
以东的Allu Lut地区，样品KR2980B）

矿物组成：石榴石、钾长石及石英；（a）根据借助于绘图管得到的铅笔绘图，由平
面偏振光薄片图像绘制得到墨水笔绘图；原图尺寸约A4大小；只呈现出石榴石、石
英、长石层轮廓及少数裂缝；石榴石的线宽为0.5mm，石英与长石的线宽为0.25mm；
（b）通过石榴石晶体裂缝图案（线宽：0.35mm）、内部与沿边界的点状线及细粒长石
层的点状线（线宽：0.25mm）得到的精细铅笔绘画，并通过微细点状突显粗粒晶粒残留。
石英与长石层之间的边界描绘为强点状而不连续的线，这与薄片图像中可见的扩散演
变层相对应。忽略石英层中再结晶晶粒的晶界，以增加与长石层的对比度。此外，横
向裂缝（线宽：0.25mm）表征石英层；添加小圆形绿帘石晶粒（黑色），其在石英层中
呈线状排列；（c）在变晶灰色填充基础上，绘图（a）的数字化处理突出了石榴石的分
布；（d）此外，钾长石层的灰色填充则表明了糜棱岩的高钾长石含量

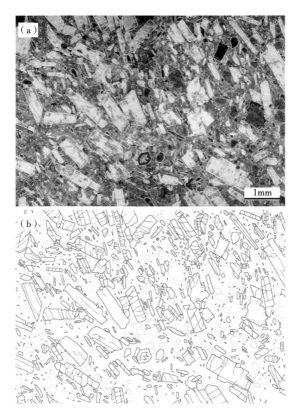

图2.23　霓石—黝方石响岩

安纳托利亚/土耳其埃斯基谢希尔省；样品M102；薄片来自慕尼黑工业大学地质系；矿物组成：（1）斑晶：片状斜长石、具有分带的绿色霓石及发生强烈蚀变的黝方石，相对于基质只是以扩散光斑形式微弱地显示出轮廓；（2）细粒基质：薄片状斜长石与着色；原始显微照片约A3大小，由两个合并的A2图像得到；（a）用白线重描显微照片（平面偏振光）后的结果：（1）霓石轮廓与分带（线宽：4个与2个像素）；（2）斜长石轮廓与裂缝（线宽：4个与3个像素）；（3）黝方石轮廓（线宽：2个像素）；（4）图像处理所产生的薄斜长石片的走向（短划线；线宽：5个像素）均进行重描；（b）为图像（a）在没有显微照片作为背景情况下的显示结果；白线变为黑色与灰色；基质以浅灰色均匀地显示出，以突出斑晶及其流动图样（灰度级H、S、V、R、G、B=0，0，95，243，243，243）

2.8　数字素描

全数字绘图的优点在于：（1）可以直接由数字显微照片得出绘图而无须从描图纸上绘制得到；（2）可以在绘图时放大照片；（3）可以很容易地改变甚至追溯线宽；（4）可以使用通常更有意义的彩色照片。与直接在显微镜下手动绘制薄片相比，这些优点在大多数情况下都会减弱。用鼠标或触摸板添加自然边界明显要慢得多，而且更加费劲。即使线条可以很容易显示出角度，仍不自然。以高分辨率简单描绘出边界再缩小，即可得到非常令人满意的结果（图2.24）。然而相应地，对于较大的绘图来说这会很费时间。对于内部组构而言，数字绘图几乎完全无用武之地，而简单裂缝图案的描绘可能仍然令人满意[图2.24（b）]。例如，精细无规则结构（如后成合晶）不可能进行数字化表示[图2.24（a）]。由于不同的需要这样只留下以图案与不同灰色调进行填充的区域[图2.24（c）]。然而，这种结果仅适用于矿物区域与不同相之间的粗略区分。

不建议使用图案（圆形、线条、条纹等）作为填充物，这往往与天然内部组构外观相违背，使绘图复杂化并给观察者造成迷惑，并不有助于任何解释。

只要绘制出的少数相能与其他相区分开，如细粒基质中斑晶分布与走向的表示，那么数学绘图说会有用。对于简单的晶界与裂缝图案，数字显微照片不需要花费太多时间即可以不同的线宽或不同的颜色描绘出这些特征[图2.23（a）]。根据与照片中分离后得到的清晰图案，可以很容易地看出优先走向与分布，并且可以将其作为填充处理或进一步研究分析（图像分析、通过分形几何进行量化）的基础[图2.23（b）]。

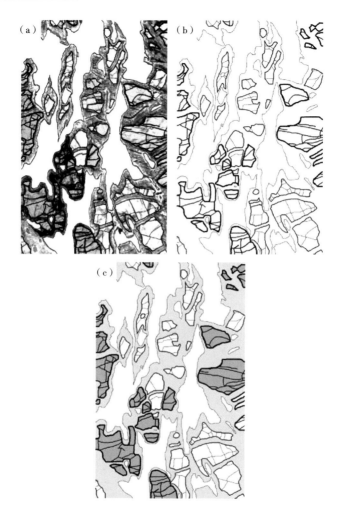

图2.24　硬玉石英岩

中国大别山双河地区；样品RP01；通过标准图像处理程序对薄片绘图进行数字修正；细节如图2.18所示；（a）重绘钠长石与后成合晶相对石英的边界（线宽1个像素）、硬玉（4个像素）与石榴石（8个像素）轮廓及硬玉（2个像素）与石榴石（6个像素）中可追溯裂缝；（b）将薄片扫描结果分离后的晶粒轮廓图案；（c）不同矿物晶粒填充不同灰色调

2.9 总结

（1）相比于照片，素描可以在薄片图上突显出一些重要事物，并省略非重要事物。在素描时，省略往往是个不错的选择。素描应保持视觉简单。

（2）素描是"净化"的照片，没有剪切效应、异变及准备阶段人工污染。

（3）不同的矿物主要以不同的线宽、点线及内部结构表示。

（4）高折射率矿物需要以较高的线宽表示，可能还有附加边缘点线，固有色可以通过大量的细点线来表示。

（5）用于出版物的精确绘图是从铅笔图模板到墨水笔绘图，不是由整个范围开始，而是从矿物到矿物，以折射率最高的矿物开始，即线宽最高。

（6）直接由显微镜手动创建的薄片素描图是一种快速有效的记录形式。

（7）数字化修正可以改善及补充薄片素描。但是，完全数字化绘图并不能完全替代手工素描。

（8）素描过程需要长时间彻底地观察薄片（"引导观察"），并有助于识别及了解组构。这意味着素描应始终与显微镜检查相结合。只有与素描同时进行，显微镜观察才能获得良好的结果。

实例2.1

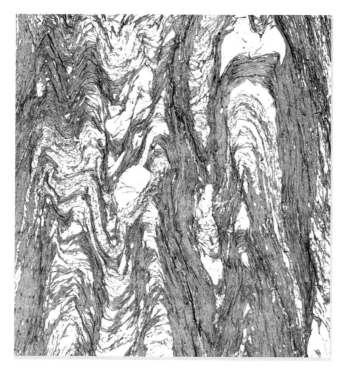

Tauern构造窗东部基底的片岩显微照片

奥地利马耳他谷，东阿尔卑斯山地区；样品KR3006A；平面偏振光；照片短边约1.5mm；黑云母层（深色）形成页理，并呈致密褶皱状；明亮区主要由石英组成

将描图纸置于显微照上，（a）绘制得到墨水笔绘图，表现出沿整体线条上的褶皱层；（b）在此绘图基础上，得到更精确的绘图，其中包含黑云母层与石英区域的详细信息；（c）快速且自由地绘制得到近似显微照片上半部分的铅笔绘图，展示出组构特征而无须精确

练习2.2

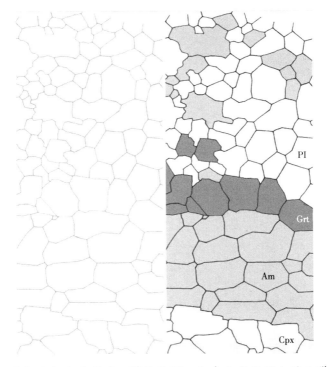

麻粒岩相变苏长岩，薄片绘图，加拿大格伦维尔造山带

样品KR3768B；图像短边约1.5mm；斜长石（P1）与单斜辉石（Cpx）之间的反应带横截面，其由石榴石（Grt）与角闪石（Am）组成；在晶粒上填充典型的内部组构，并使晶界呈特征性线宽

参考文献

Bard, J.P. (1986). *Microtextures of igneous and metamorphic rocks*, D. Reidel, 269 pp.

Droop, G.T.R. (1981). Alpine metamorphism of pelitic schists in the south−east Tauern Window, Austria, Schweizerische Mineralogische und Petrographische Mitteilungen 61, 237−273.

Fueten, F. and Mason, J. (2007). An artificial neural net assisted approach to editing edges in petrographic images collected with the rotating polarizer stage. *Computers & Geosciences* 33, 1176−1188.

Hatch, F.H., Wells, A.K. and Wells, M.K. (1972). *Petrology of the igneous rocks*, 13th edition, Thomas Murby & Co, 551 pp.

Hoffman, D.D. (1998). *Visual Intelligence: how we create what we see*, W.W.Norton & Co., New York.

Kruhl, J.H. (1996). Prism−and−basis parallel subgrain boundaries in quartz: a micro−structural geothermobarometer. *Journal of Metamorphic Geology* 14, 581−589.

Kruhl, J.H. and Peternell, M. (2002). The equilibration of high−angle grain boundaries in dynamically recrystallized quartz: the effect of crystallography and temperature. *Journal of Structural Geology* 24, 1125−1137.

MacKenzie, W.S. and Adams, A.E. (1994). *A Colour Atlas of Rocks and Minerals in Thin Section*, Manson Publ., 192 pp.

Mason, R. (1978). *Petrology of the metamorphic rocks*, Allen & Unwin, 254 pp.

Moorhouse, W.W. (1959). *The study of rocks in thin section*, Harper & Row, 514 pp.

Okamoto, N. (1996). *Japanese ink painting*: the art of Sumi−E, Sterling Publishing Co., Inc.

Passchier, C.W. and Trouw, R.A.J. (2005). *Microtectonics*, 2nd edition, Springer, 360 pp.

Perkins, D. and Henke, K.R. (2003). *Minerals in Thin Section*, 2nd Edition,

Prentice Hall, 176 pp.

Raith, M.M., Raase, P. and Reinhardt, J. (2012). *Guide to Thin Section Microscopy*, *ISBN 978−3−00−037671−9 (PDF)*, 127 pp.

Richey, J.E. and Thomas, H.H. (1930). *The geology of Ardnamurchan, north− west Mull and Coll, Memoir for geological sheet 51, part 52 (Scotland)*, British Geological Survey, 393 pp.

Tröger, W.E., Bambauer, H.U., Taborszky, F. and Trochim, H.D. (1979). *Optical Determination of Rock−Forming Minerals, Part 1: Determinative Tables*, Schweizerbart, 188 pp.

Vernon, R.H. (1986). K−feldspar megacrysts in granites−phenocrysts, not porphyroblasts. *Earth−Science Reviews* 23, 1−63.

Vernon, R.H. (2004). *A practical guide to rock microstructure*, Cambridge University Press, 594 pp.

Voll, G. (1960). New work on petrofabrics. *Liverpool and Manchester Geological Journal* 2, 503−567.

Voll, G. (1976a). Recrystallization of quartz, biotite and feldspars from Erstfeld to the Leventina Nappe, Swiss Alps, and its geological significance. *Schweizerische mineralogische und petrographische Mitteilungen* 56, 641−647.

第 3 章

岩石样本切片

　　绘制样本切片同样有助于记录地质结构。地质结构或样品切片不是简单地尽可能准确描绘，而是要包括地质相关信息。因此，不能简单地摘取，而必须首先决定哪些是技术上重要的。在素描之前进行观察，观察同时进行解释。什么是地质相关的？哪种矿物、结构或组构对特定问题很重要，必须加以表示？什么是地质上无关紧要的，可以省略的？观察、专业解释及决定绘制与不绘制应置于首位，这些比素描本身更重要。

　　素描应该是记录，且这只能通过图式化才能实现。这种图式化应遵循明确的规则很重要。只有在缺乏任意性及图式可理解的情况下，才能比较不同素描中的结构。因此，地质绘图必须满足需要，尽可能准确地表示地质结构，仍可示意性表示。这需要绘图的符号化，如第一章引言中所讨论的，地质结构不是以其所见的方式来表示的，而是以它们的符号化来表示的。符号必须足够复杂，以包含所有重要信息，但也必须足够简单，能够快速容易地识别。

3.1　素描的地质信息

　　即使地质结构不需要真实地绘制，但也必须正确地传达这些结构的地质信息。这些信息可能不会因绘图中不可避免的简化与省略操作而出现歪曲。如果有可能的话，在开始绘图之前，应决定哪些与地质信息有关系而哪些是无关紧要的。

　　该步骤同样还紧随结构的填充，如绘图中褶皱层的填充，必须与外形保持一致。

　　图中常见岩石特征所模拟的填充物对于地质绘图来说是无用的，充其量而言，它们不提供任何信息。在最坏的情况下，它们提供的信息与素描部分不一致，并在地质学上是错误的。石灰岩通常以"砌砖"符号化表示，可能足以填充地质图中的区域[图3.1（a）]。当在地质图中填充石灰岩层时，"墙"应始终与地层平行，就像自然界中各层同样也平行于整个石灰岩层的边界。裂缝应垂直于这些地层绘制，并且部分不完整，因为它们在天然石灰岩层中通常不是连续可见的[图3.1（b）]。

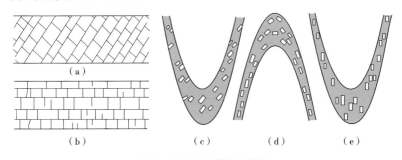

图3.1　岩石结构填充示意图

（a）以规则的"砖块"填充来表征石灰岩，其中节理倾斜于岩层边界；这在地质图中几乎不允许，在地质绘图中完全不允许；（b）利用略微不规则的"砖块"（节理走向平行于岩层）来填充石灰岩层；（c）含长石斑晶的斑状花岗岩的褶皱层，长石斑晶的平坦晶面倾斜于岩层及褶皱的轴面；这在地质图中已经不允许了；（d）在褶皱层周围排列的斑晶的平行晶面；（e）将斑晶与平行于褶皱轴面的页理对齐

　　在斑状花岗岩的褶皱层中，择优走向的长石斑晶不应该绘制成与褶皱成一定角度[图3.1（c）]，而应匹配褶皱片理[图3.1（d）]或匹配对应于褶皱的片理[图3.1（e）]。除了极端例外情况，这应当是长石斑晶在自然界中看起来的唯一样子。但是，必须要在整个绘图背景下解释这些例外情况。图3.1（a）与图3.1（c）中令人困扰的主要是填充物的走向由于各向异性（"砌砖"，斑晶走向）与地质结构形状不一致。许多地质结构都是各向异性的，它们的填充物应该根据这种各向异性来模拟。这不仅有利于绘图美感，还有利于展示信息内容与意义。

　　简单的内部组构可以传达丰富的地质信息，即便是褶皱与片理之间的关系也可以反映不同变形作用的时序（图3.2）。如果与岩层平行的片理在褶皱周围发生弯曲，那么该片理在褶皱之前就已存在[图3.2（a）]。如果页理面与褶皱轴面呈对称排列，那么该页理面是在褶皱过程中形成的[图3.2（b）]。此外，扇形或桩形位置的页理面可以指示岩层形变的不同强度。如果云母在褶皱岩层中呈现完全不规则地生长，表明它是在褶皱后形成的[图3.2（c）]。可以只用少许画线来描绘这些内部结构。不需要精确或完整地勾勒出，同样也不需要根据褶皱的大小进行缩放。在上述地质信息的背景下，褶皱的大小无关紧要。页理面是否呈现精确的扇形或桩形位置，或完全相

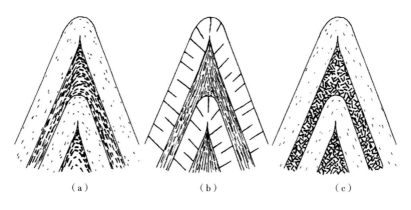

（a）　　　　　　　　　（b）　　　　　　　　　（c）

图3.2　褶皱石英—片岩层的互层

其内部结构表示可能有三种结果；原图15cm×7cm；采用毡头墨水笔，线宽0.1mm；（a）两种岩石在褶皱之前呈页理状；因此，片理面呈褶皱状；在片岩中，片理由较短的云母薄膜形成；在石英岩中，片理由定向石英颗粒形成；通过少许画线即对片理进行了充分刻画，并突出了两种岩石之间的亮度对比；（b）在褶皱过程的早期阶段，两种岩石呈页理状；在相对坚硬的石英岩层中，片理发育为扇形位置上的裂缝，而在片岩中片理则形成桩形位置上的平面；（c）在褶皱过程之前，两种岩石呈页理状；在石英岩中，片理呈褶皱状；在片岩中，通过随后变质反应引起的褶皱过程形成新的云母，从而导致了云母片的随机走向

互平行同样也无关紧要。但是，它们相对于褶皱层的空间关系必须正确表示，因为该空间关系包含关于变形作用过程顺序的重要描述。

3.2　矿物示意图

第2.5节说明了以特征形态表示矿物的重要性，可作为薄片组构记录的一部分，以提高矿物鉴别意义。绘制岩石及其结构时，同样适用。

几乎每种矿物都有典型的形态，如果尺度允许，就应该在绘图中呈现。即使这些形态根据绘图需要进行了简化，仍需与薄片绘图上所了解的晶体轮廓相对应（图2.1）。在这些基础上，可以补充同样用于薄片素描中的矿物典型线宽及内部结构（图2.2）。同时，这取决于素描尺度。样品切片或部分露头面的素描可以包含类似于薄片素描中的细节信息（图3.3），不能盲目地坚持特定的格式。尽管斑状岩脉中自形长石的轮廓较为典型，并且对矿物鉴别而言不需要做进一步强调[图3.3（b）]，但对于其他矿物并非总是如此。变形与再结晶石英晶体的细晶粒组构可以通过示意性点状表示，并与长石形成对比，前提是后者保持空白。反之亦然，即通过使石英保持空白而填充长石可以产生类似的对比效果[图3.3（c）]。如在示例中，由于石英透镜体的强走向较好地反映了岩石的片理，因此不必以另一种方式描绘这种情况。然而，如果认为流动组构的不规则性很重要，那么可以用短线来表示小黑云母片的取向[图3.3（c）]。哪部分岩石与矿物组构进行展示及产生亮度对比的方式取决于哪些是重要信息，只绘制出这些认为重要的部分。绘制岩石切片时，同样也建议省略非重要的部分。

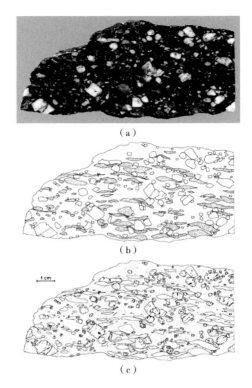

图3.3　岩石切割照片及两张示意图[石英—斑状英安岩；
Val Loana，塞西亚地区（意大利北部西阿尔卑斯山）]

两幅绘图都突出了不同方面的岩石组构；比例尺始终如图（c）所示；；（a）垂直于页理的磨光片照片；白色自形长石斑晶明显从细粒深色基质中脱离出；相比之下，变形透镜状与透明灰色、大部分为细长形的石英颗粒几乎不可见；（b）长石斑晶与石英透镜体的线条绘图；该绘图较好地显示了石英与长石的尺寸及分布；长石与基质保持空白；石英透镜体的内部点状模拟了完整的细晶粒再结晶作用；两种矿物之间的形状对比表明石英晶体可塑性与长石脆性特性在一定条件下发生变形作用；（c）突显长石与基质内部组构的线条绘图；石英透镜体保持空白；与（b）相比，石英与长石之间的对比是通过保持石英空白与填充长石产生的；基质中难以区分的流动组构与片理是由较大的岩浆黑云母片（大小可至100μm）形成，并由短划线表示；尽管石英透镜体的形状与走向反映了大致均匀的岩石平面压实作用，但基质中黑云母的走向表明在较小尺度上流动与变形模式更为复杂；绘图利用毡头墨水笔，线宽0.1~0.2mm；两幅绘图原始尺寸为A4大小

3.3　岩石及其结构示意图

在野外或根据样品及切割样品得到的所有素描中，我们均对岩石结构进行了绘制。因此，重要的是这些岩石结构的表示应具有代表性，以便能够在没有详细标注的情况下可以鉴别岩石。对于彼此非常相似的岩石，进行鉴别可能很困难，但对于大多数岩石而言，如果遵循某些规则即可以达到很好的效果。

此外，它不仅仅关乎岩石鉴别，还与岩石组构的表示密切相关。岩石历史（沉积、结晶、变形及变质作用）或至少部分岩石历史通常可根据岩石组构获得。这类素描的重点不应该是每分米距离上的页理面数或每单位面积上的矿物颗粒数或褶皱的确切尺寸或岩层厚度，而是通过这素描图传达地质信息。由此可见，这类素描既不应该是一对一地复制自然模样，也不应该是按比例地绘制。

上述表示什么含义，接下来可通过参考一些常见岩石的素描予以解释（图3.4）。在某种程度上，沉积岩的素描是一项吃力不讨好的任务，因为沉积岩构造成层性差且并不总是发育清晰，并且晶粒组构往往不是清晰可见的。然而，可以利用不同线宽或细圆的点状来区分具有不同粒度的砂质沉积岩[图3.4（a）]。例如，即便是交错层理与黏土夹层也可以确定无疑地表示出来。每个岩层具有的内部结构越多，表示就越容易。如火山岩中的碎屑[图3.4（b）]，不仅通过尺寸与形状，还通过走向与内部组构来进行岩石表征。这表示碎屑必须足够大，以便可以缩小或扩大尺寸（如果有必要），从而为绘制内部组构或精确轮廓腾出空间。

石灰岩只能通过层厚与横向裂缝模式来图示表征[图3.4（c）]。必要时，化石符号可以作为有用的补充。对火成岩中的表征而言，可供选择的方法也很有限。在花岗岩类岩石中，仅限于表示黑云母片、可能还有粗粒长石的解理面[图3.4（d）]。晶粒尺寸、走向及均质性或非均质性可以只用黑云母划线来表示。如果在花岗岩中出现较大的自形长石，则可以用它们绘制流动图案[图3.4（e）]。但要注意！特别是在此处，晶体分布应该是分形的，因为自然条件下也是如此。均匀的晶体分布看起来很不自然（另见第1.7节）。辉长岩与闪长岩通常具有任意组构，这一点最容易通过模拟这两类岩石深色外观的短粗线或短细线来说明[图3.4（f）]。

对于细粒、均质的变质岩而言（如石英岩），存在类似于沉积岩的问题：通常几乎没有特殊组构。同样地，可以利用不同划线或点状来表示成层性、不同的云母含量及任何现有片理[图3.4（g）]。重要的是这些填充物不需要太靠近，以便与其他岩石进行区分，而通常表现为浅色外观的石英岩便可以显现出来。

页理状变质岩的表示可以有多种形式，通过这些表示能够显示出变形强度与变质程度，或不同的变形作用阶段。例如，在绿片岩相条件下，发生变形的眼球状片麻岩的片理如何利用短而几乎平行的划线与矩形来表示呢？线条代表黑云母片的排列，矩形代表长石的排列[图3.4（h）]。长石中裂缝与晶体旋转部分是素描的重要组成部分，表明了绿片岩相或变形作用过程中的低温条件。在较高的温度下，长石表现出塑性，并形成柔软地包裹于页理面中的再结晶长石晶粒透镜体[图3.4（i）]。这些透镜体的不同拉伸程度反映了不同的变形作用强度，通过点状可以较好地表征长石变晶中的典型包裹体[图3.4（k）]。与长石及石榴石的典型弯曲裂缝相比，绘制石榴石斑状变晶的线宽更大。轮廓与裂缝的线宽保持不变，因为与薄片图像相比，样品绘图中的光线折射率并不重要。

岩石中明显发育的页理结构，如主要由连续云母薄膜组成的细褶皱劈理，很容易用实线绘制出[图3.4（l）]，或者用虚线绘制，假如表面不是很突出或者绘图应保持简单。石英脉（最好是那些在含云母—石英的岩石第一次变形作用过程中形成的与第一次页理平行的石英脉）对于这类含云母—石英岩石的变形分析非常重要。这些石英脉应始终简洁地绘制，尤其应包含典型的透镜体及破裂的等斜褶皱脊。在具有许多页理面的绘图中，石英透镜体与岩层最好保留为空白，以保持与素描其余部分的差异对比。只能补充横向裂缝，可作为石英层的典型特征，有助于矿物鉴别。

在变质砂屑泥质岩（由不同石英与云母含量地层组成的变质岩）上，可以利用简单的划线得到不同岩层变形特性，如各种形式的布丁构造（图3.5）。在最简单的情形下，使用实线表示页理面。这些页理面彼此越接近，岩石就呈现出越强烈的页理状。这些岩石中的强或弱页理结构分别伴随着高或低云母含量。在遵循这一规律的同时，通过使用曲线也可以方便地表示富含云母层与富含石英层之间的逐步过渡关系。由于宽间距线表示较高的石英含量，因此这些区域中绘图通常呈现为较浅色。这与富含石英岩石的自然亮度相匹配，而石英含量贫乏的片岩则通常显示较暗。

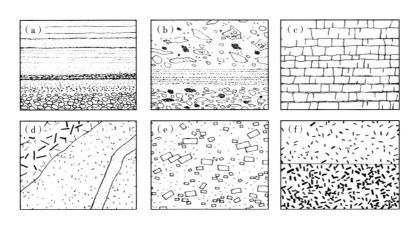

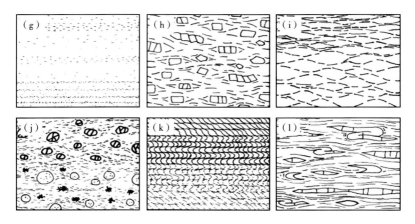

图3.4 各种岩石的示意图

整个示意图原始尺寸为A4大小；利用毡头墨水笔绘制，线宽通常为0.1mm，在某些情况下偶尔会达到0.5mm；岩石区域为真实尺寸；（a）至（d）约1m；（e）至（m）约10cm；（a）不同粒度的砂岩层；从下到上依次为：砾岩、粗砾及细砾（只通过浅色点状表示）；薄黏土层（用短划线表示）；交错层理砂岩（用虚线表示的薄层）；顶层：粗砂岩（用浅色点状表示）；实线表示薄黏土层分离，因而界定砂岩层理；（b）具有不同碎屑组分、大小与形状及基质粒度的两个火山碎屑层，通过具有内部成层结构（虚线）的凝灰岩层分隔开；以点状表示的火山碎屑基质；（c）含有横向裂缝与薄黏土夹层的层状石灰岩，裂缝仅限于单个层，用于表征石灰岩；（d）均质花岗岩，含有厚伟晶岩及薄细晶岩脉；短划线分别表示（1）花岗岩中的黑云母片；（2）细晶岩中的黑云母或晶面；（3）伟晶岩中的晶面与长石解理面；这些不同类型的划线足以精确地表示岩石的非均质性与晶粒组构及黑云母的随机走向；（e）含有流动组构的斑状花岗岩；长石斑晶描绘为矩形，黑云母片表示为短划线；这些划线同样突出了基质的各向同性；（f）通过短而细及短而粗的划线所定表征的闪长岩（顶部）与辉长岩（底部），这两种划线分别代表闪长与辉长晶体；为清楚起见，省略了所有其他矿物；（g）云母石英岩；只有云母片显示为短划线；它们表明具有不同云母含量的层理及片理（晶粒走向）；（h）具有片理的眼球状片麻岩，片理以黑云母片的线形（短划线）为代表；通过长石的脆性特性（斑晶中的横向裂缝）表示绿片岩相条件或低温下的变形作用；（i）具有共轭页理面的眼球状片麻岩，共轭页理面通过对齐的黑云母（短划线）来描绘；黑云母片构成了塑性变形长石透镜体，表明变形作用温度高于绿片岩相温度；（k）石榴石云母片岩（顶部）与绿泥石钠长石片岩（底部）；通过不同线宽与内部组构（石榴石中的裂缝与钠长石中的小矿物包裹体）在视觉上将石榴石与钠长石变晶分离开；绿泥石存在于蔷薇状共晶组构中；S形共轭页理面是由云母片（短划线）形成的；（l）不同强度的细褶皱劈理，由实线（顶部）与虚线（底部）表示

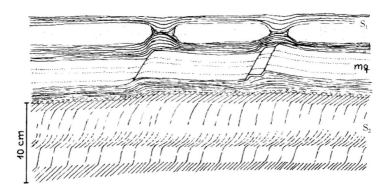

图3.5　受两次变形事件影响的厘米级厚的变质泥质与砂质互层

两次变形作用产生了两个片理：平行于成层的S_1与横向S_2；图的下部：具有不同云母与
石英含量的厘米级厚的岩层，因而呈现出不同的页理结构强度；云母含量的渐变导致
页理面的走向发生变化；图的上部：片岩层之间具有弱成层的云母—石英岩层（qm）
发生断裂；相比之下，光滑的布丁构造是在细粒石英云母层（由细点状表示）中形成
的；这些结构表明云母石英岩的强度相对较高

　　这些示例只是作为素描中岩石如何表示的某些实例。即使岩石
具有相同的名称，在某些方面可能具有显著不同的结构，因而它们
的表示也可能显著不同。遵循某些规律以保证图中岩石及其结构的
有效识别是很重要的，必须将岩石结构的强轮廓转换成图中相应的
粗线，只有那些不易辨识的界线（页理等）才用细线或虚线表示。
绘图中应考虑矿物的典型形状与内部组构同时，岩石中晶体走向必
须与绘图中的晶体走向相匹配。较浅色的岩石通常要在绘图中显示
为浅色调，反之亦然。可在任一方向上增大亮度与暗度，以增加对
比度，从而提高绘图的可读性。

　　本章节中几乎所有素描都没有标注，也不必进行标注。无标注
的素描只能说明许多情况下可以放弃标注的程度，以及仅仅岩石结
构的线条图就很有意义。当然，如果标注可用于澄清结构的表示，
或者缺少标注，结构就会不明确，那么应使用标注。在大多数情况

下，简明扼要的缩写就已足够。在下一章节中将会给出许多有必要标注的绘图，因为这些标注有助于更快更好地理解绘图。

3.4   素描编制

无论是绘制切割样品的岩石结构，还是野外露头绘制，或是采石场内的多角度绘图，这类绘图往往需要经过编制。从逻辑上讲，这种编制过程遵循最重要的规则，即从大到小。

首先，绘制较大的结构（岩层、岩脉、褶皱），然后是较为显著的内部结构[图3.6（a）]。如果在这个阶段发现另一个结构，那么很容易地通过向某方向延伸素描来添加[图3.6（b）]。这种延伸主要发生在野外素描过程中沿露头行走并发现新现象的时候。它与所有经验认识相矛盾，即经过一段时间的观测可以完全识别并连续绘制所有重要的岩石及结构。由于素描取决于观察结果或部分观察结果，因而素描与观察之间的相互作用可以使得素描编制稳步推进。因此，建议不要在图纸的角落开始素描及挤压素描，而是始终留出足够的空间用于补充素描。

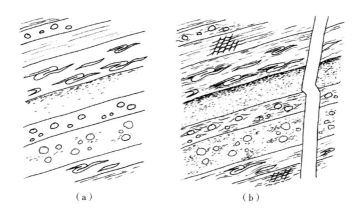

（a）   （b）

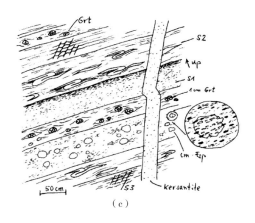

（c）

图3.6　绘图的示意性编制过程

不同矿物组分与较新的横向岩脉的互层；（a）岩层示意图及其略微倾斜的走向；野外水平方向相当于图中的"水平向"；图中包含了较为明显的内部结构：主要的片理，根据片理强度得到的长、短划线；片岩中通常清晰可见的等倾褶皱石英脉；以略微不同线宽表示（石榴石较高，长石较低）的矿物变晶（石榴石与长石）；（b）将此绘制阶段中观察到的岩脉添加向右延伸的绘图中；将后来观察到的片理及页理面之间的弱褶皱作用添加到某些部分的主要片理上；对主要片理进行局部互补，以便显示出其中一层的粒序，并沿石英脉的等倾褶皱对片理进行加强，以增加视觉对比度；（c）通过内部断裂模式将石榴石变晶与长石区分开；岩脉的细晶粒组构用浅点状表示；使用典型缩写进行标注可提高绘图的可读性；最后，长石内部组构的放大细节有助于更好地呈现变形作用过程；比例尺仅粗略地表示岩层与岩脉的厚度；很明显，该比例尺对其他结构无效，如矿物变晶的大小或页理面的间距

在这种素描编制过程中，随着新的结构不断发现，接下来的步骤中将添加更多的结构，如变质岩中页理的产生[图3.6（b）]。接下来的素描步骤有：（1）添加内部组构与填充层（如岩脉），以更好地表征岩石；（2）标注（如果需要）与添加比例尺[图3.6（c）]。但是，这种比例尺很少适用于图上的所有部分。通常而言，它适用于较大的结构，如岩层厚度或褶皱波长。岩石组构，甚至更多的矿物晶粒内部组构，通常以明显放大的形式描绘出。例如，页理面之间的距离实际大约为1~2mm，而在图纸中，该距离大约放大了20

倍。同样地，在某些岩层中出现的矿物变晶也要放大绘制。如果重要的内部组构太小而无法在图纸中描绘，那么单独放大及描绘是较为合理的。这通常涉及矿物晶粒的内部结构。但放大后的变形组构细节对于反映素描的地质信息同样也很重要。

素描的目的不是正确地绘制出每米或每单位面积上的页理面或矿物变晶数，有意义的地质信息。然而，页理面的密度是较为有用的地质信息，因为页理面的密度指示了变形强度及岩石的微观成分。即便是褶皱石英脉的数量与大小几乎同样没有意义，但它们的透镜状变形及致密的褶皱无疑是很重要的。由于这种石英脉通常平行于第一个页理，因此等倾褶皱与透镜状变形可指示二次变形阶段过程中的强烈变形作用。在所有五个完整的等倾石英脉褶皱中，长轴、短轴及长翼依次呈顺时针方向，可以作为二次变形阶段过程中顺时针剪切作用的证据。当然，根据第三页理相对于第一与第二页理的位置，同样也可以推测出剪切作用为顺时针方向。

在石榴石—云母片岩中，变晶上的短线表明石榴石被片岩所包裹，因此石榴石年代更老。即便放大内部组构，长石变晶与片理之间的关系也无法充分表示出，可通过单独放大小岩石切片表达出长石变晶生长超过页理及比长石变晶年代更新的地质信息，而且这个放大细节无须单独的比例尺。变晶尺寸不是重要信息，而粒度分布才是重要的，无论如何都无法在这种绘图中充分表示出粒度分布。

少数内部结构足以：（1）表征岩石；（2）反映不同程度的变形作用；（3）阐明第二与第三变形阶段的剪切方向；（4）描述变形作用与矿物生长之间的关系；（5）提供特定附加信息，如地层顶部的方向。标注有助于这种表征，但标注并非在所有情况下都是必需的。图中所示结构是很简单、很基础，在野外岩石上识别它们不需要特殊的认识或出色的观察技能。许多组构（如褶皱透镜状石英脉）都是非常明显的，以至于这些组构可以在不了解其含义的情况下进行绘制。

3.5 不同尺度的图示

岩石及其结构绘图可按照许多尺度进行定义，在极端情况下，可从微米一直到千米不等的范围。微观范围内的素描更容易绘制，因为此类结构通常显示更清晰且没有间隙。在薄片中，岩石结构可以完全呈现，但在大尺度上，界限与对比度通常变得模糊。如在露天采石场概览图中，岩石通常无法以内部结构表征。此处，明暗对比可能是有助于区分的唯一方式。

图中单层厚度只需为几毫米，即可根据其内部结构来表征岩石。这对于具有典型结构的岩石来说是很容易实现的。镁铁质深成岩、火山岩及变质岩即为这方面的良好示例，它们具有相似的化学与矿物组成，但结构明显不同。分层角闪岩最好用窄条纹图案[图3.7（a）]描绘，辉长岩以粗点图案描述，其可以突显结构的无序性[图3.7（b）]，玄武岩则以完全黑色表示[图3.7（c）]。一般而言较浅的岩石需要视觉上更浅的内部组构。在大尺度上，素描符号可以是相似的，如以螺旋形表示正片麻岩[图3.7（a）]。最好使用各种类型的平行线来表征页理状岩石[图3.7（b），图3.7（c）]。当然，条纹或螺旋符号并不代表角闪岩的分层及片麻岩中"柔和"变形的眼球状长石。在接下来的放大步骤中，可以更详细地显示不同岩石的内部组构[图3.7（d）~图3.7（f）]。至此，不仅可以描绘岩石特征性轮廓中的分层而且还可以描绘单个矿物晶粒，甚至可以表示页理面的择优走向及典型结构如S—C组构。在该放大倍率下，与大尺度表示相反的明暗对比度出现部分反转。在下一步及最终的放大步骤中，需要一种甚至可表示矿物内部组构及岩石组构细节的尺

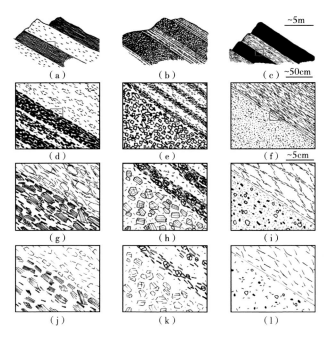

图3.7　三种不同尺度下的岩石示意图

这些框标记在上一个示意图；原图尺寸约16×21cm；采用毡尖墨水笔，以不同线宽绘制；（a）完全带状角闪岩（深色）与明显变形的眼球状片麻岩（浅色）的互层（米级厚）；（b）辉长岩（深色、点状）与麻粒岩层（条纹状、米级厚）；（c）玄武岩层（黑色）与片岩层（条纹状、米级厚）；（d）为（a）图细节显示，包含角闪岩与片麻岩中厘米至分米级厚岩层；与这些岩层相比，角闪石（粗、短划线）与黑云母（细、短划线）没有按比例表示；（e）为（b）图细节显示，包含辉长岩中示意化、不成比例的辉石（空心矩形）与黑云母（短、粗划线）及麻粒岩中铁镁质部分（不同长度与厚度的划线）；（f）为（c）图细节显示；基于点与划线得到的玄武岩组示意图及片岩中S—C组构的半示意图；在该尺度上，与（c）图相比，这些岩石之间的明暗对比度是相反的；（g）为（d）图细节显示；根据线宽、晶粒形状及内部组构，遵循图2.1与图2.2，对角闪岩中角闪石与片麻岩中长石进行了示意化表示；（h）为（e）图细节显示；在图2.1与图2.2基础上，对辉长岩中辉石及麻粒岩中石榴石与硅线石进行了示意性显示；辉长岩与麻粒岩浅色层中的各向同性基质用短划线表示；（i）为（f）图细节显示；玄武岩中斑晶（如橄榄石、辉石）描绘为开多边形或闭合多边形；各向同性基质以短划线表示；短划线将片岩中S—C组构的不同页理面划分为黑云母与白云母；（k）、（l）、（m）是（g）、（h）及（i）的示意化岩石表示，省略更多，即划线通常更少度［图3.7（g）~图3.7（i）］。然而，较大的结构会在这种尺度上丢失。

这类素描的最佳填充不仅取决于可用的时间，而且主要取决于有意义的地质信息需要多少细节。通常会过多填充素描，当然省略更好，越简单越好，可由观察者自行决定图3.7k—3.7m中的结构是否显得过于稀疏。

自然界中绘制的地质对象通常在厘米级至露头尺度不等的几个数量级范围内，这会影响地质结构的图式化。片麻岩结构在厘米尺度与米尺度上看起来有所不同，砾岩层在厘米尺度上相比于露头面上也是不同的。然而，岩石及其特征性结构应在任何尺度下都易于识别，并且可能的话，不需要复杂及大量的标注。这个问题可以通过四种不同的方式及其组合来解决。（1）对每个尺度下包含三到四个间距的特征性标志概念化。因而，对每种岩石及每个主要结构页理、分层等存在三到四种典型的表示形式。（2）典型结构主要是根据尺度绘制的。因此，在厘米、分米或很多米厚的层中，斑状花岗岩的斑晶总是具有相同的尺寸与形状。（3）如果素描必须包含多个数量级，如包括整个露头面，那么较大的结构可以或多或少地按比例绘制并补充较小结构的放大细节。（4）可借助于标注解释非特征性结构。在实际操作中，已尝试并测试了这四种选项之间的折中方案。典型结构部分适应于比例尺，部分绘制与比例尺无关，同时补充细节放大结果及（备用）标注。

3.6　切割样品的详细素描

样品照片或样品切片扫描图通常呈深色或低对比度，很难识别其中岩石组构的细节。可以使用素描解决该问题。这种素描具有以下优点：不仅可以增强对比度，而且可以通过省略不重要的结构来突显重要结构。在出版物中，这样的素描可以很好地替代照片。

（a）

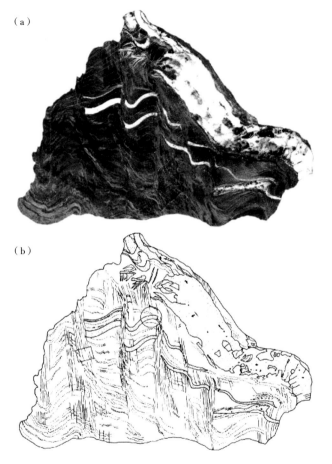

（b）

图3.8　海西造山运动期间呈页理状及褶皱状的低变质变泥质岩

具有毫米至厘米宽的石英脉（德国莱茵地块莱茵河中部区域罗蕾莱附近）；（a）垂直于褶皱轴的样品切片扫描结果；样品长边约15cm；（b）通过仅指示局部的特征结构进行切片绘制；将描图纸置于扫描打印纸上进行绘图；使用毡尖墨水笔，以0.1~0.2mm线宽进行绘制；以轻微点状表示石英脉，以虚线表示层理与一次片理；以连续线表示二次片理；局部石英脉由层理面（圆形）发散开；横向于层理的二次片理在剪切带（矩形）中得到增强

即使在这种类型的"复制"中，常见规则同样也适用：（1）素描仅由黑线与点组成；（2）不同密集度的线条与点状用于增强对比度；（3）虚线看起来比实线更"浅"；（4）没有填充素描，而是通过间隙缓解视觉效果。将其留给大脑来补充这些间隙，毕竟大脑非常适合这种任务！

与野外素描相比，在这种类型的绘图中，可以充分利用手头的时间与悠闲感、精确复制与绘制岩石结构及涵盖了完全对应的技术可能性，通常尺寸与比例保持不变。即使是现今，素描同样为观察服务，但更多的是为了揭示细节信息，但在野外条件下这是不可能的。

结构的对比度越大，绘制就越容易。图3.8所示褶皱变泥质岩包含毫米—厘米级的石英脉，其白色与其余深色岩石部分形成鲜明对比。按照扫描结果的轮廓，首先最好绘制白色岩层，这使得绘图具有粗略的框架；接着绘制与分层相交的小剪切带，然后是各个页理面；最后，扫描结果中几乎看不到的分层用虚线表示，最好只有这么多的虚线，以便使浅色的褶皱在没有过多填充绘图的情况下是可见的。点状表示是为了在视觉上突显石英脉。另一种方法是增强页理与石英脉外部的分层，但这可能会过多地填充绘图。标注方式可有助于解释各种结构，但实际上除了岩脉之外没有必要。这些岩脉可以由石英或方解石或两者构成，仅通过简单地观察绘图是无法鉴别出的。

绘制具有扩散结构的岩石更为困难，更费力（图3.9）。如果时间很重要，那么素描将缩小到明显的界限，这些在扩散区域可显示为实线或短线[图3.9（b）]。只要重要结构（这种情况下的重要结构褶皱）是可见的，即可停止绘制。在纯线条图中，褶皱更为清晰[图3.9（c）]。此处，需要在扩散区域上解释性地绘制界限，即便它们在岩石中是不可见的，也要表示出深色组分尤其是浅色层边界。一方面，这可以增加对比度，提高素描的可读性；另一方面，这种情况下表示黑云母片的短划线可以阐明页理的细节，由此增强素描的地质信息。最接近自然情况的素描是舍弃界限的，并完全通过短线分布突显岩层[图3.9（d）]。在此，可以通过线条长度、厚度、走向及密集度非常精确地描绘自然结构。如果认为某些层之间的逐渐过渡很重要，那么这类绘图肯定是第一选择。然而，如果褶皱与片理类型更重要，那么只需通过点状线条图突显片理面即可[图3.9（c）]。以更少的努力即

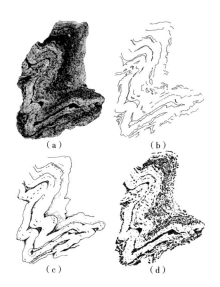

（a）　　　　　　　（b）

（c）　　　　　　　（d）

图3.9　Tauern构造窗东部基底的褶皱黑云母—长石片麻岩

奥地利东阿尔卑斯山；垂直于褶皱轴的截面；截面短边约10cm；浅色的表示具有毫米晶粒尺寸的石英—长石层；深色的表示富含黑云母的石英—长石层；扫描样片切片的不同图示结果；将描图纸置于扫描打印纸上进行素描；使用毡头墨水笔，以0.1~0.5mm线宽绘制；（a）打磨但未抛光的样品切片扫描结果，浅色长石层一定程度上深受深色黑云母层约束，从富长石层到富黑云母层是部分渐变的；（b）绘制明暗区域之间的界线；（c）绘制更为强烈的图示化界线，以短划线表示黑云母片的尺寸与走向，图中显示出了首次褶皱状页理及局部发育的二次页理（分别为矩形与圆形框所示）；（d）不含界线的素描，仅通过不同含量的黑云母表示及彼此分隔开图中这些层，甚至扩散过渡变化在图中都可以变得可见

可达到这种目标。正如一贯的归结为：应该传达哪些地质信息，以及如何最有效、最不费力地做到这一点？

在没有较大且清晰的结构的情况下，唯一剩下的选择就是：简单而快速，显然失真或耗时，但真实。图3.10（a）中描绘的褶皱眼球状片麻岩的样品切片可以转换至素描中。其中，长石不是以轮廓线表示，而是省略[图3.10（b）]。岩石基质几乎可完全表示出。这些素描非常接近于真实。然而，代价是创建素描大量时间及精力。为了阐明长石的尺寸分布及包含较小的局部漩涡状结构的扩散页理组构，可以绘制长石及某些较大的黑云母片的轮廓。这可以节省大量时间，尽管并不是很接近于自然情况，但仍传达了这块岩石上的最重要信息[图3.10（c）]。

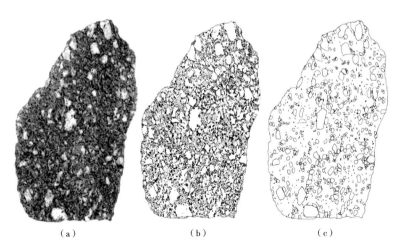

（a）　　　　　　　　（b）　　　　　　　　（c）

图3.10　塞西亚地区弱页理状及褶皱眼球状片麻岩

意大利西阿尔卑斯山瓦尔德奥索拉谷；（a）抛光样品切片的扫描结果；毫米—厘米大小的长石镶嵌于微米—毫米大小晶粒状的石英、长石及黑云母基质中；样品短边约10cm；（b）仅通过短划线表示黑云母近似尺寸、走向及密集度而得到的扫描结果素描显示；将描图纸置于扫描打印纸上进行素描；使用毡头墨水笔，以0.1~0.2mm线宽进行绘制；（c）仅通过表示局部含少量黑云母片的较大长石的轮廓而得到的素描结果

3.7 总结

理想情况下，首先进行观察与科学解释，然后决定绘制什么及不绘制什么，接着是绘制岩石切片。

（1）事实上，观察就是真正的开始，但它也是素描的一部分，与素描交互，并在整个素描过程中始终存在。

（2）这种素描不是逼真地再现，而重要的是相关科学信息的传递。

（3）较强的结构轮廓在素描中需要以粗线表示，较弱可见的界线或页理需要以细线或虚线表示。

（4）结构的填充必须适应于结构的形状或中性显示。

（5）岩石及其结构的图示化方式取决于尺度，每种尺度下都需要不同的图示化方式。

（6）具有重要鉴别意义的典型岩石图示，如石灰岩中横向破裂或伟晶岩中长且非定向的线条可在所有尺度上使用。

（7）严格把控尺度通常既不可取也不可行，但内部组构的形状应正确表示。

（8）岩石的内部组构主要以"分形"分布，应该以这种方式绘制。

（9）在绘制晶粒组构时，通常只绘制深色矿物即可。

（10）对于不同尺寸组构的表示，放大素描中小区域并将其单独置于素描旁是较为有利的。

（11）素描时省略是一个良好的策略，不仅是为了节省时间。同时，绘图应该保持视觉上的轻松。如果觉得画得太少，那可能就是正确的。

（12）当时间有限时，最好准确地绘制小区域中的结构，而不是错误地填充大面积区域。

（13）素描应逐步进行！首先，绘制大的结构；然后绘制内部组构与填充物；最后，对绘图进行标注。

（14）素描扩大，而观察与素描过程中发现的组构必须进行整合或附加。因此，原始素描周围应留有足够的空间。

第 4 章

岩石构造
三维素描

岩石构造有时只能从某一方向上，通常是随机的面上进行识别，并且只能在平面上表示。尽管这种方式仍然能保留和传达重要的信息，但正如许多出版物所表现出的那样，第三个维度的缺乏仍然是一个缺点。大多数岩石构造是分层的，但总是在三维空间内演化。即使是线也具有空间位置，并且只能以三维方式显示。这就是为什么三维素描、透视图总是优于二维显示的原因。野外露头很少像光滑的面孔那样存在，几乎总有彼此垂直或近于垂直的切割。或者可以从样品截面上查看三维构造，即使只有几厘米，也有可能识别其三维构造的面。即使在光滑的采石场石壁上，也可以使用锤子和凿子来弄出小台阶，使得岩石的三维构造可见。

在许多特别是较旧的出版物中可以发现漂亮且富有启发性的三维素描实例，其中许多是按比例尺画的，但有一些不是按比例尺画的，且只是一种扼要表示。作为一种进步，Gerhard Voll（Voll，1960；v.Gehlen & Voll，1961；Nabholz & Voll，1963）在20世纪60年代早期引入了通常不按比例尺画的地质构造素描图（样品和露头），这种图通过局部的移动或提升及结构外延提供更多的信息量。这种素描图后来也被其他作者偶尔借鉴（Steck，1968；Steck & Tièche，1976；v.Gosen，1982；Kruhl，1984；Vogler，1987），有助于更深入地了解岩石和区域的构造及演化。

当描绘三维构造图时，有足够的空间用于不同的表示，并有足够的自由来开发图例样式。然而，三维素描应当遵循用于二维构造素描的相同规则。此外，考虑一些额外的规则是有用的，这些规则使描绘更容易，同时确保良好的可解释性，还提供绘图美学。

在接下来的部分，我们将首先介绍一些基本规则，然后研究如何最好地发展三维绘图，将野簿草图与"清洁绘图"进行比较，最后讨论一些绘图实例。

4.1　基础

对于野外素描，应提供约15cm×20cm（A5）的素描区域，可以增大到约20cm×30cm（A4）。这并不意味着素描图本身必须如此大。如果仅有少量岩石构造存在或需要绘制，则较小的素描图就足够了。对于具有详细标注的复杂三维素描图，通常需要至少A5大小的区域。当绘图区较小时，构造和标注太靠近，图的可读性会受到影响。这也意味着：野外记录簿不应该比A5小得多。这个尺寸也很方便，因为它仍然适合装进更大的夹克、裤子口袋或腰包。

如第1章所述，露头或岩石样本并非严格按照其在自然界中的样子进行描绘，而是示意性的，以突出重要细节并省略不重要的，这意味着将样本轮廓图式化是第一步。最简单的图式化形式是矩形块，其中面状的岩石构造平行和垂直于矩形块表面，线状构造则平行于矩形块边缘并垂直于矩形块表面（图4.1）。矩形块直接或几乎面向观察者，另外两个面向后倾斜延伸，确保了构造不仅从前面可见，在另外两个面上也可见，在三维方向上同样也可识别。

从面向观察者的正面开始，可以将矩形块向右后方或左后方拉伸[图4.2（a）]。这种扭曲的视角有利于草图的立体外观，扭曲不必很强烈。矩形块向后延伸的边最终在远处尽头相交就足够了。如果没有面向观察者，而是矩形块的边面向观察者，并且矩形块的面指向远离观察者的方向，则有两个远处消失点[图4.2（b）]。这个矩形块走向具有以下优点：三个可见面的尺寸大致相同，并且可以以清晰可见的方式在其上表示构造。

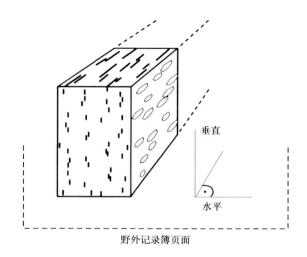

图4.1   片麻岩矩形块

其中一个面面向观察者，两个侧面透视向后延伸（虚线）；以较短和较长的笔画示意云母片；云母片方向定义了垂直于前面和顶面并且平行于侧面的片理；页理面上发育的线理由定向排列的云母片的拉长轴表示，并且平行于矩形块的一个边缘延伸部分；矩形块正面的水平边和垂直边平行于野簿或画布的边；因此，这些边分别被定义或认为是自然界中的水平方向和垂直方向

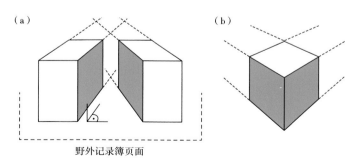

图4.2   矩形块是三维绘图的基本要素

（a）朝向"右后"和"左后"的具轻微透视变形较弱的矩形块；延长边（虚线）在远处尽头相交；矩形边遵循草图的直角坐标系；（b）一条纵边面向观察者的矩形块；水平向后的延长边（虚线）消失在两个不同方向的远处，矩形块的三个面都可见

　　由于素描纸或野外记录簿经常举着，使得两个边朝水平和垂直方向，因此在野外素描时本能地采用这两个边代表水平和垂直方向。这意味着，三维矩形块与绘图纸平行的边被解释为水平方向和垂直方向。如果在这种定向的矩形块中表示陡倾的页理，则它会穿过矩形块的侧面[图4.3（a）]，这会导致切割线有些随意。此外，页理面也不可见，并且其上的构造（如线理）不能恰当表示出来。为了避免这种情况，将矩形块倾斜，直到一个侧面与页理面平行[图4.3（b）]。野外记录簿的下边缘仍然表示水平线，而斜向后延伸的矩形块的边被认为是水平的。

　　通常只要可行，矩形块的面就应平行或垂直于面状和线状岩石构造（层面、层理、页理、线理等）。无论矩形块的边如何，素描图

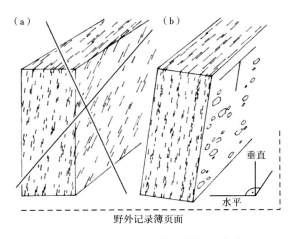

图4.3　具页理面的矩形块（略微透视扭曲）

页理面由定向排列的云母片（短画线）表示；（a）陡倾的页理面朝矩形块倾斜，并在板状侧面上产生随意的且地质上无意义的切割线，这是一个不可接受的素描；（b）矩形块倾斜到这样的程度，即片理平行于侧面并垂直于前面，与片理相关的线理（拉长的云母片）显示在矩形块的侧面上；T形符号的水平线表示页理面上的水平线；纵向线表示倾向线；直角坐标系的两个轴顺野簿的边缘，第三个向后延伸的轴构建起三维体系；因此，矩形块的向后延伸的边被认为是水平的

中的水平面和垂直面都可以用T形符号指定（图4.3b），也可以在地质图上用于表示地层走向和倾向。

处理褶皱层时，将矩形块用作草图的基本形式通常是不切实际的。即使将矩形块的侧面调整为垂直和平行于褶皱轴，它们也不能提供褶皱层的视图[图4.4（a）]。最好是抛弃矩形块形状，并将三维素描调整为褶皱形式。在第一步中，类似于绘制矩形块草图，绘制一个面，该面相当于一个切面，其垂直于褶皱层的水平轴并面向观察者[图4.4（b）]。褶皱层从垂直于层面延伸方向切开，切割边向左后延伸——即三维中的"水平"方向，同时这些切割边可以当作褶皱轴的参考线。如果轴是水平的，则将其绘制为与切割边平行，如本例所示。在这样的取走向中，褶皱层上面和下面几乎同样可见。但是，假如在顶层的上表面存在易识别的重要构造，那么，必须逆时针转动素描图，直到层表面足够可见[图4.4（c）]。虽然进行旋转，但水平—垂直参照系不变。参照系还允许对构造（如褶皱轴）进行倾斜以使其可见（图4.5）。褶皱轴的倾角可以通过褶皱轴和上部切割层的向后延伸边之间的夹角来估计。

梯队块素描图中，其中的层以不同方式截断或相互移位（图4.6），以便更好地洞察结构。每层都展示出三个正交面的视图。以这种方式可以最佳地展示三维结构，其适用于仅在层上可见的构造（如线理）及仅以三维表示才更清楚的结构，如各种交错层理。如果梯队块的正面要保持面向观察者，则缓倾的两个上横截面通常很窄，以至于其上的结构很难看见[图4.6（a）]。因此，斜切岩层，增加其横截面积，并使该截面与水平面平行，这是一种简单的补救措施（图4.6b）。这也意味着具有多个板块的梯队块通常横向延伸至与分层结构具有相同的走向，这就是梯队块如何通过这些结构来表示三维块横截面的原因。

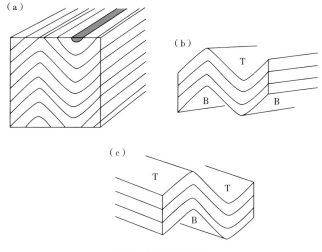

图4.4 褶皱层示意图

（a）矩形块切出的褶皱层；褶皱轴的方向只能通过层与矩形块侧面的交叉线间接推断，无法说明层上的构造，这样的草图几乎没用；（b）相同褶皱层的草图，但属于"破了"的块。正面的方向不变，而右侧面围绕垂直轴顺时针旋转；最下层（B）的底侧与最上层（T）的顶侧同样很好地露出；（c）正面具相同的方向，褶皱层的左侧面逆时针旋转从而可见，最上层（T）的顶侧能很好地观察到；最下层（B）的底侧则露得较少

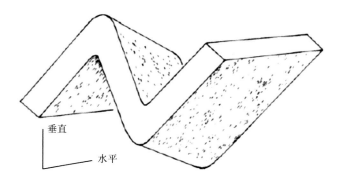

图4.5 轴部倾斜的褶皱示意图

褶皱层的后向延伸边表示水平方向；因此，褶皱轴显示出大约40°~50°的倾角

　　垂直和平行于最重要的面状或线状构造的三个正交切面提供了洞察岩石结构的最好视角。因此，如果可能的话，不应以简洁的块来描绘不同方向的地质结构，而是用足够的空间来描绘（图4.7）。即使这导致完成素描的要求更高，仍然值得付出努力。这致使素描图中有许多的面，能提供关于岩石结构的大量信息。针对露头或样本，地质结构在这种准确的形式中是否可见无关紧要。"栩栩如生"不是素描的目标，也没有意义。目的是生成清晰的素描，以最小的努力提供最大的信息量。

（a）　　　　　　　　　　　　　　　　　（b）

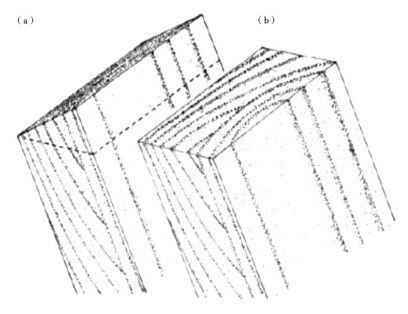

图4.6　具不同截面的层

（a）内部具交错层理的倾斜层，顶面几乎看不见；（b）顶面相对于岩层倾斜，因此截面面积明显增大，且结构可见

三维地质绘图原理

（1）以三维形式描绘样本或露头，突出要点，省略无关紧要的内容。

（2）样本或露头的随机和不规则面没有意义，也不用描绘。

（3）最简单的三维素描形式是矩形块，正面朝向观察者，侧面旋转到上面的结构清晰可见为止。

（4）如果可能的话，矩形块的面平行或垂直于面状或线状岩石结构。

（5）野外记录簿页的正交边是野外素描图中水平轴和垂直轴的参考线。另外，"T形"符号可用以指示面上的水平和倾向线。

（6）岩层以图形方式相互替换（"梯队块"），使结构在三维中更加清晰可见。

具有复杂结构的岩石或露头一般不用简洁的块来描绘，而是用许多的面来描绘，以提供洞察岩石结构的最大视角。

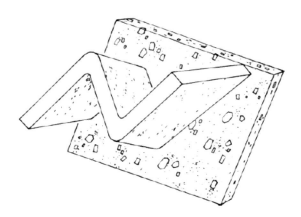

图4.7　两种不同的地质结构（褶皱和横向斑岩脉）组合成一个开放的结构，促使相关面（脉体和岩层的面）和定向排列的长石（盒状）与云母（短画线）结构的最大可见性

4.2 三维示意图绘制过程

4.2.1 简单块体

如第4.1节所述，形式最简单的三维示意图以矩形块来描绘。如果岩石结构是各向异性的，那么矩形块的面应该与各向异性面（层理面、岩浆岩或变质岩层面、页理面）或各向异性方向（线理、褶皱轴）正交。在第一步中，绘制矩形块的边和岩层边界，以及可能用于矩形块定向的方位[图4.8（a）]。如果可以预见所有三个正交面都将具有值得展示的结构，则应该旋转矩形块以使得所有三个面同样可见。在这样的位置，三条前边相交形成三个120°角。矩形块的前垂直边平行于画布或野外记录簿的边缘，因此被视为地理上的纵轴。这有助于确保观察者感觉这种草图的上表面几乎为水平且两个侧面几乎为垂直。

如果层面或其他面相对于垂直轴倾斜，则块也必须倾斜，使得块表面与这些面保持平行。通过倾斜可见的侧面并且同时倾斜两个前垂直块边，可以最容易地实现块的倾斜[图4.8（b）]。现在，将块表面逐步填充结构[图4.8（c）]。当然，这样做的顺序并不重要。然而，首先看一下独特且稍暗的层（在这个例子中为正片麻岩和角闪岩）是有用的，因为它们决定了示意图的外观。这样，即使时间不足而无法绘制某些东西，至少结构的特征仍然可见。此外，可以保留一定的自由度，以便通过更强或更弱的填充来改变与剩余层之间的对比度。通常，应首先绘制粗结构，因为它们将再次被部分填充。

还可以通过相应侧面上的走向—倾角符号来强调块的倾斜。当在该符号上标注出走向和倾角值时，比单独的示意图能更好地表现块的准确空间方位。同时，走向—倾角符号还提供了指定线理方向的可能性[图4.8（d）]。在最后阶段，页理面被填充（最好是不规则碎片形），这样页理的类型（相对较短的面，没有变质带）就可见，而不会失去与片麻岩和角闪岩层的光学对比度。仅在短的片段中填充角闪岩层就足够了，甚至不需要完全填充正片麻岩层。

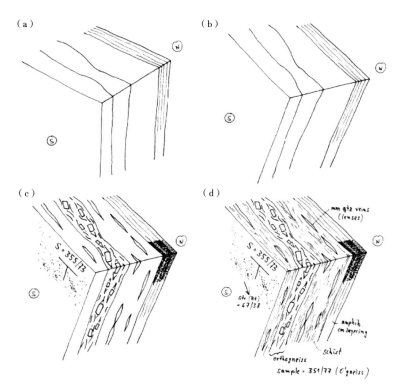

图4.8　以4个步骤阐述的正片麻岩、片岩及角闪岩互层序示意图的逐步演化

（a）具有轮廓、层边界及基本地理方向的块；调整该块的方向，使得分别平行和垂直于岩层和片理的三个正交截面充分可见；（b）岩层相对于水平面的倾斜度以块的倾斜度来表示；（c）首先增加：片岩中的石英透镜体；正片麻岩中的长石和黑云母片；以聚集和定向的黑云母片表示的线理（细的短画线）；角闪石晶体（粗的短画线）描绘了不同角闪岩层中角闪石含量的变化；在页理面被笔划线填满之前，先标上指示岩层走向和倾向的"T"形符号及片理的实测值；（d）进一步的步骤包括：（1）以不同长度的笔画表示片岩中的页理面；（2）添加样本方向；（3）示意图标注；跳过相对耗时的角闪岩层填充；原图大约为A5；签字笔，线宽0.2和0.3mm

对单个结构和岩石进行标注是对示意图的补充和阐明，由个人决定标注的广泛程度或贫乏程度。例如，正片麻岩和片岩（具有典型的石英脉透镜体）外观非常醒目，标注不是必需的。另一方面，重要的精细结构（如表示线理的定向黑云母）在没有标注的情况下难以解释。即使可以估计草图中线理相对水平面的近似斜率，线理的空间位置也应该包含在示意图中，而从露头取的样品的方向可以直接写在示意图旁边。

通常，示意图提供的信息比单独理解标注所得到的信息多。片岩中的严格平行面表明岩石经受强烈压实，薄的石英透镜体表明石英在塑性条件下变形，即温度高于约300℃。然而，眼球状片麻岩中的斜长石晶体将变形温度限制在最高可达500℃，这是长石表现出塑性的温度下限（Voll，1976）。

略微倾斜或水平的层应表示为水平板（图4.9）。在这种平板模式中，素描图逐步发展，但模式始终保持不变。切割矩形块[图4.9（a）]，使突出的线和面平行于板的侧面[图4.9（b）]。如果构造面倾斜于板的侧面，可将它们示例性地从板内连续画到板外。如果在用内部组构填充面之前放置标注，则可以将其更紧密地贴近结构。例如，页理面的测量值可以直接写在面上[图4.9（c）]。仅示例性地从板内画到板外，使得这些面上所形成的结构得以表现出来[图4.9（d）]，这也比斜切矩形块以获得额外的面更简洁。有时一些页理面和裂缝直到观察的后期，即素描快要完成时才发现，那么示例性地绘制是表示这些面上结构的唯一方式。尽早画出形成时间晚的构造是很便利的，因为它们经常影响早期构造的方向（早期的页理在新页理周围弯曲，岩层在裂缝处的位移等）。如果形成时间晚的构造画得太晚，通常只能在稍后且一定会以令人不愉快的方式去修改素描。

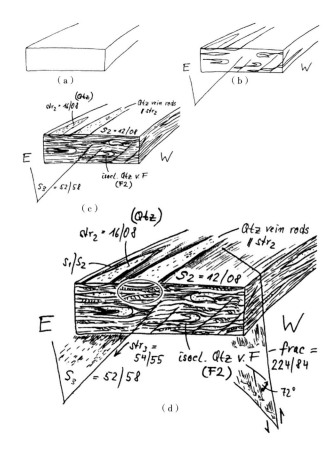

图4.9 如果样品主要结构呈水平，则最大的块表面也设定为水平方向

（a）轮廓略有透视；（b）除了融合主要结构和主要基本方向之外，与块的侧面不平行的页理面被示例性地向块外延伸绘制；由于老的构造经常被新的构造所取代，因此建议尽早先画新的构造；（c）在填充内部结构之前添加标注和测量值是有利的，其允许标注与描述的结构挨得更近，必要时表明形成特定结构（如线理）的矿物；（d）在最后的步骤中：（1）绘制内部组构；（2）添加标注；（3）补充仅在观察的后期阶段才发现的结构；为了增强对比及示意图的可读性，可以加强显著结构（如图中的石英脉杆）的内部填充；但是，在这个例子中，应该避免过于密集地填充；该图包含的信息多于标注所示的信息，如S_2页理面之间的褶皱残余S_1（椭圆内所示）；原图大小约为A6；圆珠笔

4.2.2　梯队块（"中队块"）

　　岩石样本或露头通常由不同的层组成。如果是这种情况，将图形分解为彼此错位的单个板状块是有用的。这样，岩层面上的结构（如线理）可以更加明显（图4.10）。这样做是必要的，因为岩石中的线性结构对于解释地质过程非常重要。如果平面上没有结构，则它们仅以点状或左侧完全空白为特征。然后，足以使平面的小区域可见[图4.10（a），图4.10（b）]。像往常一样，将板切开，使得它们的正交侧面与构造面和构造线平行或垂直。

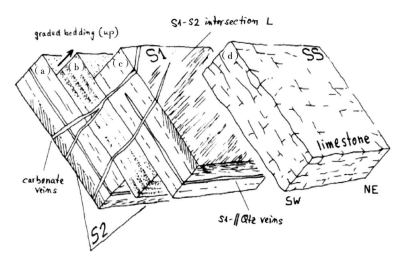

图4.10　具灰岩盖层（d）的华力西基底变质砂泥岩互层序列
（a至c）的梯队块（"中队块"）示意图[据野外草图重新绘制；Monte Albo西端
（Baronie，撒丁岛，意大利）；露头KR4652 Kruhl，2002）；原图为A5大小；圆珠笔]

　　图4.10单板表示不同组成和相同方向的岩层。S_1为与层理平行的第一期弱片理化层，以少量笔划层（a）和层（c）和逐渐变密的点层（b）表示。在富含石英的层中，第一期变形的页理面上不发育线理。因此，这些面上的点较均匀。S_2为第二期片理，仅出现

在富云母层层（a）和层（c）中，因此与它们在自然界中的外观一致，看起来更暗。有意地将富云母的区域画在层（c）的上部，使得在表面上可以看到第一期和第二期片理之间的线性交叉。仅在必要时才用内部结构填充层，而"悬浮"的灰岩层使下部岩层的大部分暴露。此外，还显示了几米宽的间隙。梯队块朝观察者倾斜，提供了板的所有三个正交面同等的可见性。

当发育有显著的结构且其需要清晰呈现时，各个层可以相互分开，以显示其表面的较大部分[图4.10（c），图4.10（d）]。然而重要的是，这些"悬浮"层要与其他层保持相对的空间方向。

类似地，在梯队块中岩层也应根据其空间方位倾斜。原则上，从板上所观察到的方向应该无关紧要，只要由两个给定的基本方向点表明即可。然而，板指向而不是背离观察者是有利的，以便所有三个正交的板表面都清晰可见（图4.11）。此外，这些板的尺寸应该都大致相同。即使这对地质信息本身无关紧要，却可以使素描更简单、更清晰。

梯队块表示法在具有不同结构的许多岩石序列中特别重要（图4.12）。无论岩层厚度如何，任何层都会有自己的板状块。这样，板状块的所有三个正交表面都是可见的，尤其是各向异性面及其结构。板不需要完全有边界，甚至可以保持打开。在视觉上，这更适合于不完整面的填充，使素描"更轻便"，并节省时间。然而，各个板的后退边应该具有大致相同的长度，以便保持三维效果。

通常在决定板块顺序时可以自由选择。最简单的方法是在层序开始处摆放结构变化最大的层，或者必须是需要更多的空间来做最多的标注的层（图4.12）。

在野外素描时，最好从梯队块开始。它代表了对岩石和构造的渐进式观察与记录的逐步扩展绘制的基本形式，并且可以与其他形式（如折叠）相结合，稍后将对此进行更详细的讨论。

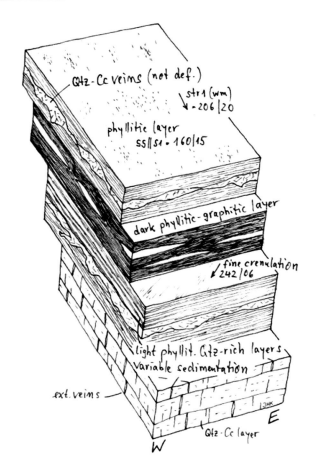

图4.11　梯队块表示了轻微倾斜的千枚岩和石英—碳酸盐层序列
（露头KR4138；Valser Rhine Valley，瑞士）

由内部结构（基本上是页理面）的不同密集度形成岩层的明—暗对比。从图与标注之间的关系可以推断出图是从上到下、从左到右进行绘制的。最上部岩层的标注是在梯队块右侧最后的轮廓线绘制以前完成的。标注后，画完石英—方解石脉及千枚岩层后再往下画。目前，其主要的平面界线代表了石英—方解石脉的上表面。重绘可以通过稍微加粗图形正面（箭头）上的线来表示。在标注最下面第二层之后，开始添加最下面的石英—方解石层。重绘野外草图（Kruhl，1994），标注从德语翻译成英语；原图大小约为A5；签字笔，线粗0.2和0.3mm）

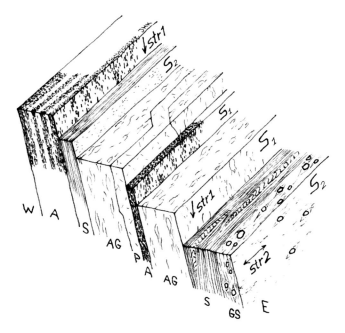

图4.12 表示角闪岩（A）、片岩（S）、眼球状片麻岩（AG）、
伟晶岩（P）和石榴石片岩（GS）互层序列的梯队块示意图

（签字笔，线粗0.3mm，由于倾斜布局使局部更清楚；原图约为A6大小）这些层向东
（E）陡倾，并调整至板的三个正交侧面同样可见。层的错开增加了平行片理S_1和S_2的
可见性，其具有方向不一致的线理str1和str2。由具有第一期片理化形成的密集褶皱
面（箭头）的薄层充分表明了第二期发育的片理。长石晶体的塑性变形由眼球状片麻
岩（AG）中的长石透镜体表示，这不需要额外标注。为了节省时间，一些层保持部分
打开

4.2.3 褶皱

褶皱的图形表示比块的图形表示稍微复杂，但也遵循简单的
原则。如第4.1节所述，将素描调整到褶皱层是有利的。由于样本
或露头通常由几套岩层组成，因此将褶皱绘制模式与梯队块模式
相结合。通常，直立正交褶皱的表示最简单（图4.13）。首先，将

几乎垂直褶皱轴（稍后将被绘制）的面面向观察者[图4.13（a）]。从那里开始，画出岩层的向右或向后延伸地切开边，代表水平轴[图4.13（b）]。在延伸边的帮助下，褶皱轴的倾角（或其水平方向）得以表示出来[图4.13（c）]。重要的是，层地切开边向后延伸，使得层面清晰可见，并且内部结构（如线理）可以容易地在层面上表示。

水平单斜褶皱（译者注：相当于平卧褶皱）的绘图方式非常相似。首先，绘制一个前表面，它表示近于垂直褶皱轴的面，且切过

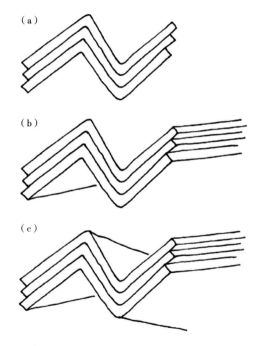

图4.13　正交直立褶皱示意图（轮廓采用褶皱形状；与梯队块一样，三层相互错开，以便更好地看到它们的层面）

（a）首先画出正面，它表示地理上的垂直面，并且大致垂直于褶皱轴切开；（b）将正面补充岩层边，这些边向后倾斜并表示地理意义上的水平面；（c）岩层的水平边有助于表达褶皱轴的方向，在这种情况下，褶皱轴具有大约20°的倾角；当绘图以这种方式走向时，上层的顶面和下层的底面充分可见

的各层相对错开[图4.14（a）]。在此之后，层的切割边向后倾斜延伸[图4.14（b）]。然后，绘制褶皱轴[图4.14（c）]。在基本方位的帮助下，可以定义切割边及褶皱轴的方向。

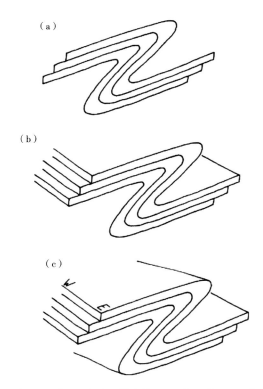

图4.14　平卧褶皱示意图（相当于梯队块，三层相互错开以露出它们的层面）

（a）首先绘制正面，其大致垂直于褶皱轴切开并且表示地理上的垂直面；（b）添加层的边缘，它们向"左后"倾斜延伸并表示地理上的水平线；（c）如果层边缘标有基本方向，则可以推断褶皱轴的大致方向；然而，该图无法确定褶皱轴的精确倾角；上层的顶面和下层的底面在图的当前走向下是可见的，并且下一步可以填充结构

　　当褶皱轴近于横贯观察者视野方向的时候，这样的褶皱难以绘制。例如，当它是由于其他原因以某种定向方式排列的梯队块的一部分时（图4.15）。相对于观察者，具有极小锐角的切面似乎具有

高度扭曲的几何形状［图4.15（a）］。如果褶皱枢纽面向观察者，则曲率必须通过光照效果突出显示，即通过不同密度的点或线表示［图4.15（b）］。这两种表示在填充区域时都需要小心并且需要更多的努力，这就是为什么人们应该在绘图中避免这种褶皱走向。

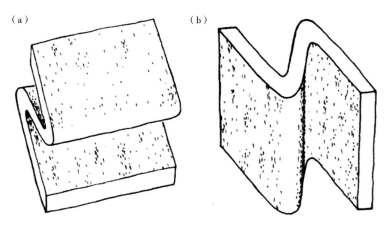

（a）   （b）

图4.15   不同方向褶皱的示意图

（a）褶皱轴方向垂直于观察方向；在侧面上，褶皱的几何形状看起来强烈扭曲；褶皱脊部通过亮度对比（矿物线理填充情况不同）突出显示；（b）轴陡倾，褶皱脊部朝向观察者，通过不同的填充程度和相应的亮度对比来表明弯曲

绘制折叠褶皱是一项挑战，特别是当不同时代的褶皱轴相互交叉时（图4.16）。新褶皱弯曲老褶皱的情况，绘制需要很多的注意力并非常耗时。只有明—暗对比才能在三维中至少有点逼真地表现出来［图4.16（a）］。因为这种对比是通过用内部结构，如线理填充区域或用点来实现的，所以需要大量的时间。此外，正确表示折叠褶皱的几何形状需要非常谨慎。作为节省时间的替代方案的一部分，具陡倾轴的褶皱仅在褶皱块的水平面上呈现，在垂直面上只呈现具平缓轴的褶皱［图4.16（b）］。然而，这种表现形式的缺点在于，并不总是清楚哪个褶皱更早或更晚。

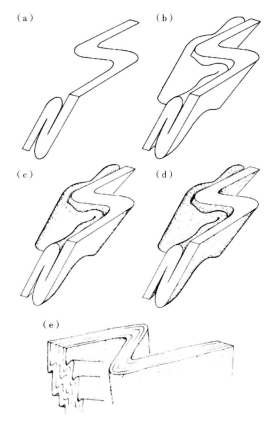

图4.16　折叠褶皱的示意图绘制

（a）首先，在垂直和水平面上绘制等斜和明显褶皱层的轮廓；（b）第二步，添加部分弯曲的褶皱峰，并完成块的轮廓；这是最苛刻的一步，因为水平波峰的轮廓必须绘制成两个部分，需要精确地终止垂直轴上产生的两个弯曲；绘制波峰的弯曲不会有进一步的困难；（c）第三步，峰顶边缘必须变暗，而峰顶本身为空白，以模仿弯曲；变暗最好通过代表可能存在的线理的短笔划来模拟，但用点也能实现；在这个阶段，应该注意阴影的正确外观；另外，笔画的方向应该支持弯曲意像；通常，阴影用来加强褶皱的三维外观；（d）最后一步，可以（但不是必须）进一步加强阴影以增强图形的三维外观；（e）如果希望避免绘制折叠褶皱的困难，可以仅在皱褶块的水平面上表示具有陡倾轴的褶皱，并且仅在垂直面上表示轴呈平缓状的褶皱；然而，在这样的图中，褶皱的先后顺序仍然是模糊的

4.2.4 沉积岩结构

沉积岩以显著的面状构造为特征，各个层之间的过渡可以是突变或者渐变的。沉积岩的素描通常由不同成分和结构的层叠置而成（地层柱）。由于常缺乏线性结构，所以素描大多保持为二维。许多书中都给出了这方面的优秀例子或绘图说明（Gwinner，1971；Trewin，2002；Coe，2013；Prothero & Schwab，1996）。当有线性构造时，绘制沉积岩的三维图也是有用的。比如，可以从交错层理构造或槽模得到流动方向（图4.17）。即便是沉积体的几何形态和范围也很重要，因此值得用三维描绘。与变质岩一样，沉积岩块应该由正交面限定，其中一个面总是平行于层理，而其他的面垂直于层理且垂直或平行于线性构造（如果存在）。由于许多沉积岩都是细粒的，因此它们的结构最好通过不同类型的点来表示[图3.4（a），图3.4（b），图4.6]。这也有助于充分表示渐变、填充泥裂、脉状层理等。在快速绘制草图时，通常用线条作边界就足够了。

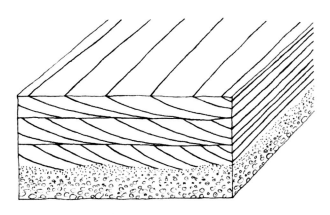

图4.17　砂砾层上方砂岩中的截顶交错层理

砂砾层中的粒序以点和不同大小的旋卷表示；交错纹层之间的界线在自然界多数都呈弥散状，由实线表示；从三维块可以估计水流方向；原草图约A6大小；签字笔线粗0.1mm

4.2.5　岩浆岩结构

在陆壳中经常长时间的岩浆上升和侵位期间，融合和混合是一个独特的过程（Gill，2010）。此外，岩浆在其结晶过程中经常变形（Paterson等，1989；Vernon，2000）。这导致结构反过来可以提供结晶和变形之间的相互作用的信息。因此，对这些结构的观察、测量和记录成果值的准确绘制出来。与变质岩相反，但与沉积岩相似，岩浆岩的结构非常有限，且往往是不规则和弥漫的。为此，需要更加努力。

岩浆岩结构最容易在块或梯队块中表示。如果结构是各向异性的，则一个块表面必须与面状或线状结构平行[图4.18（a）]。在下一步中，不应使用实线绘制弥漫边界，而应使用虚线作为预绘制边界。这有利于正确表示岩浆岩的形状和空间关系，以及它们之间偶尔的弥漫或渐变。

在进一步的步骤中，块的各面填充不同的内部结构[图4.18（b）]。在这里，使用较大的晶体（如果存在）来形象地精心制作流动结构、岩浆剪切带、晶体聚积等。这也避免了过多填充表面，致使没有足够的空间通过对比来描绘彼此不同的岩层。为节省时间，某些区域可能会部分空着。

在最后一步，如果必要的话——绘制基质，填充深色包裹体，并添加标注[图4.18（c）]。如果采集了样品，样品位置需在图中标出。手工素描中的结构和内部构造比标注所包含的有关矿物含量、粒度、产状等信息多得多。

融合和混合结构只能部分被轮廓分明地绘制，而逐渐过渡必须通过不同密度的点或短划线来表示，当然在野外时间仓促的情况下，这也很可能是用点和短划线（图4.19）来表示（图4.20）。岩石的明暗对比由对应方向上的不同的线密度和定向颗粒来表示。具有弥漫

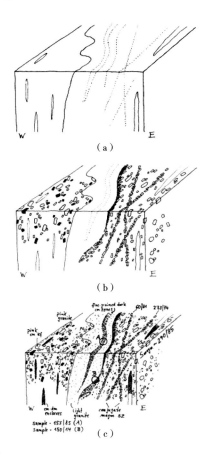

图4.18 岩浆岩及其结构块图的绘制步骤[Punta di Vallitone（法国科西嘉岛西海岸）的海西晚期花岗岩类；野外绘制以后整理；露头KR4795（Kruhl，2005）]

（a）具正交面的块，其中两个面垂直于岩浆岩层，另一个面平行于岩浆岩的页理；弥漫结构和边界用虚线标出，突变界线用实线标出；（b）长石和黑云母斑晶（空白和填充的矩形）指明了岩浆流动面和剪切带的方向；（c）以短画线（黑云母片）额外填充，突出了不同岩石中定向流动强度不一样：随机定向排列的细粒镁铁质包裹体（纤细的深色透镜状）、弱定向排列的浅色花岗岩（以短画线和点模仿），以及斑状（粉红色）花岗岩和共轭岩浆剪切带中的大量定向排列；不同的充填强度模仿了岩石的自然亮度对比；除标注外，还标出了岩浆岩面和两个样品A和B的方向；给出了样品相对于岩浆结构的近似位置；原图约A6大小；签字笔，线粗0.2和0.3mm

边界的混合区域可以通过线密度的逐渐变化来计算。虽然这需要更多的努力，但它促使素描能很好地反映出自然结构，并且具有高信息含量，甚至可以以这种方式表示混合结构的细节，如形状和条纹的范围。图上的局部区域留下空白，这能减少素描工作量和时间（图4.21）。该图仅填充有重要的结构，并且仅仅填充到结构特征变得清晰的程度。

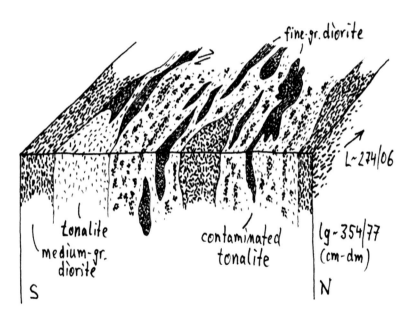

图4.19　石英闪长岩和闪长岩注入晚海西活动剪切带中的块状图 [Abbartello（Golfo de Valinco，科西嘉岛，法国）的闪长岩—石英闪长岩—花岗岩序列；野外草图重绘；露头KR4846（Kruhl，2005）]

剪切导致不同的融合、混合和变形结构；粒径、组分和流态仅由黑云母和角闪石片晶（局部具不同密度的长短及粗细不一的笔画线）表示；拉长的层，即在结晶期间变形更强烈的层，显示出紧密的角闪石和黑云母定向排列，而更弱的变形区域表现出相应的弱定向排列或根本没有定向排列；原图约A6大小；签字笔，线粗0.2和0.3mm

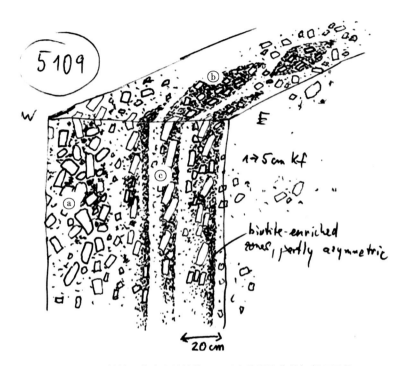

图4.20　同构结晶花岗岩的块状图，具有弥漫聚集的钾长石巨晶
[CasardeCáceres和Arroyo de la Luz之间的道路切面（西班牙Cabeza de
Araya Batholith）；露头KR5109（Kruhl，2011）]

（a）黑云母条纹和透镜体；（b）剪切结构（钾长石镶嵌结构）；（c）三个正交块面中，一个平行于岩浆流动面，另外两个面垂直于流动面；从这两个面，可以根据暗色透镜体和钾长石截面的不同形状推断出大致垂直的岩浆流线；层界线仅由虚线局部标记，但通常由不同的线宽和不同的笔画密度表示；暗色条纹和具有未定向的小黑云母片（短画线）的透镜体代表混合的镁铁质岩浆，而随机走向的黑云母小斑点指示了岩浆混合的高级阶段；为了避免图的过度填充及避免岩浆结构的可见性差，不绘制细粒的基质；仅对必要的部分做标注；原图约A6大小；黑色圆珠笔；观察和绘图的时间花费20min

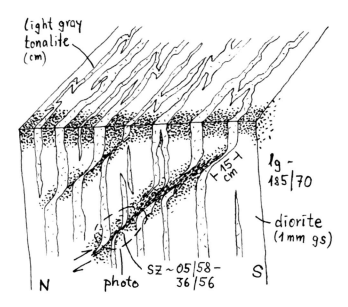

图4.21　石英闪长岩和闪长岩注入晚海西活动剪切带中的块状图
[Abbartello的闪长岩—石英闪长岩—花岗岩序列（Golfo de Valinco，
Corsica，France）；野簿草图重绘；露头KR4843（Kruhl，2005）]

样本两个面垂直且一个面平行于岩浆层；暗色闪长岩和浅色石英闪长岩之间的对比是由不同线宽不同密度的短画线产生的；图没按比例绘制，即没有普遍适用的比例；然而，可以给出不同结构的尺度：cm为石英闪长岩的厚度、1mm为闪长岩的粒度、岩浆剪切带的位移量；层面（lg）和剪切带（sz）是唯一具有可测量方向的结构；剪切带的两组值限定了整个露头中几个剪切带的方向范围；该图提供了比标注给出的更多信息；正面上的平行层界线和水平顶面上的不规则"起皱"界线表明石英闪长岩的非均匀注入或混合岩浆的近水平流动；闪长岩和石英闪长岩中普遍未定向排列的镁铁质矿物颗粒（短画线）表明在岩浆结晶过程中没有差异应力；只有闪长岩的镁铁质矿物颗粒在两个向北倾斜的剪切带中具定向排列；因此在剪切过程中，闪长岩以熔融晶体软块形式存在，而石英闪长岩主要以熔体形式存在；原图约A6大小；签字笔，线粗0.2和0.3mm

4.2.6　复杂构造

岩石的结构越多，就越难以在一个块内充分表现它们，主要原因是由连续和独立过程形成的面状或线状构造通常彼此不平行。因此，它们不能在一个或甚至几个表面上同时描绘。

这意味着，必须逐步绘制结构然后放在一起。这样，素描与观察进展应该同步进行。然而，在开始绘制之前，仍应首先观察并识别尽可能多的结构。这适用于相对简单的梯队块，也适用于复杂的结构。

原则上，首先绘制简单和大型构造，如梯队块的层。它们构成图的主干框架，然后在接下来的步骤中进行扩展[图4.22（a）]。该主干框架由简单的部分组成，主要是表示单个层或褶皱的板。重要的是这些部分需保持空白，这意味着它们只是局部受约束，并且它们不会占据整个可用的素描区域。至少两个侧面应该有足够的空间用于进一步的补充，而单个板早期就已经可以填充结构以区分不同的岩石。

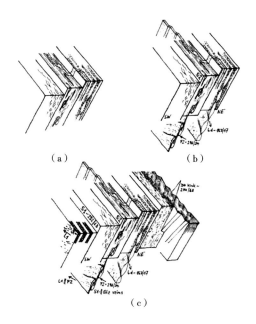

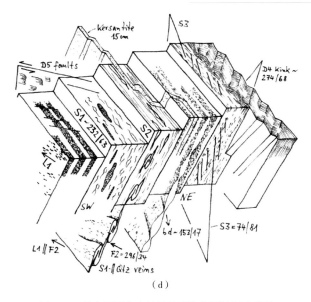

（d）

图4.22　具有不同方向结构的梯队块图的逐步发展

（a）类似于普通梯队块，不同的岩层相互错开，且部分填充内部结构；在绘图早期阶段，层边界保持部分不完整，并且面向观察者的层的平面保持空白；（b）第二步，个别层（岩脉、香肠构造层）向后或向下延出块体，以表明褶皱轴、线性等要素；在这个阶段，可以对结构进行标注了；（c）将新观察到的岩石以板的形式添加到梯队块的前部或后部；具有膝折带的片岩层向外延伸以示出膝折方向，进一步标注；（d）最后一步，绘制较新结构（页理、断层）并进行最终添加补充；为了避免修改，如果可能的话，将这些结构画在图的间隙处；向外延伸绘制单个面以更好地指示它们的方向；原图约A5大小；0.2mm粗的签字笔，部分带有斜置的指引线

　　有两种基本类型的补充：（1）分别绘制既有结构以使它们更多可见；（2）将新观察到的结构补充到已画图上。如果层或结构的几何形态隐藏在块中，则分开绘制其结构始终有效。最简单的方法是从块中移动结构，使其形状或范围正好可见（图4.23）。这对于杆状如石香肠、鹅卵石或晶体很有用。例如，让它们位于块的边缘，虽然是从块表面切开，但在三维中不能完全识别，而以这种方式足以突出仅有的一些结构。

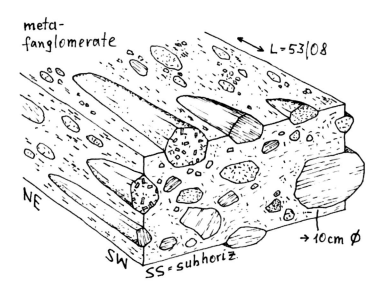

图4.23　弱页理化但强烈拉伸的变质扇砾岩的块状示意图

撒丁岛东南部古生代基底（Gerrei）的变质扇砾岩；野外草图重绘；露头KR5118（Kruhl，2012）；原图约A6大小；0.1mm粗的签字笔。尽管层理方向不明显，但从露头可以推断出来，并且在图中标出。最初的圆状或略呈椭圆状的变质砂屑岩和火山岩砾石遭受变形和强烈拉伸。一些杆状结构的局部被从块中提起，以更好地表示它们的形状和方向。在绘制块体轮廓时，应该已经考虑了这种布局。除了点状之外，杆表面上的线理（短笔画）及与页理面的交叉线画成阴影，以此增加图的三维外观。在横截面中，变质砂屑岩以代表片理的平行虚线表示，火山岩由分别代表长石和黑云母的非定向小矩形和短笔画表示

　　突出那些空间方向无法识别的结构更为重要。这样，可以明确褶皱轴的方向[图4.22（b）和图4.24]。还要获得能表现结构（如线理）的空间。如果所有这些结构都构成梯队块的单独层，这将形成占用更多空间的更大且更紧凑的图，尤其是现有块中的结构可以突出显示并且几乎可以在任何方向上添加。因而，将大大增加了素描设计的灵活性。如果预知素描将被详细标注，则在此阶段命名单个结构并为其赋上测量值是恰当的。

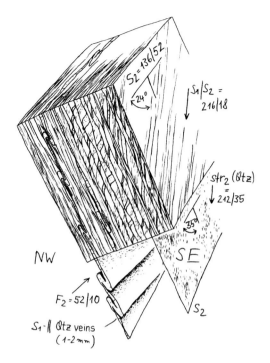

图4.24 强烈页理化的变质砂泥岩的块状示意图

具有多种结构特征；S_1为富石英层中初次片理化的褶皱残留；富石英层中的第二期片理S_2形成块的侧面。"T"形符号标记出S_2面上的走向和倾角，标出了S_1/S_2交线。这种片理作为单个平面从块中向外延伸画出，以便看清楚拉伸线理str_2。除了线理的拉伸和交叉线方向之外，还给出了它们的倾角。最初的与S_1平行的毫米厚的石英脉，以典型的横切裂缝为特征。点指示了石英脉的颗粒大小，也因此指示了石英的重结晶。等倾褶皱的石英脉的轴线F_2的走向由从块向下画出的石英脉描绘。该石英脉面上的str_2由拉伸的石英颗粒（平行于F_2的短画线）示出，并且也用于增加图的三维外观。石英脉被块的下部边界横切，这表明在完成块轮廓后才补充添加了脉体的块外部分

　　如果让表面朝向观察者并保持一个角度，同时远离野外记录簿的边缘，则可以很容易地添加额外的岩层[图4.22（c）]。通常（并不总是！）这些岩层在露头中是否也是彼此相邻已无关紧要。层的增加很重要，否则需要进行太多修正才能在图中添加新的结构。此

外，在背离观察者的面的旁边留足空间是很重要的，在这里可以插入较大的结构而不会干扰图的其余部分。

即使绘图几乎完全填满，但图纸周围通常也有足够的间隙和空间来绘制单个平面，如页理、断层面等[图4.22（d）]。这样，可以表明它们的方向，并且可以标示结构。例如，页理面通常不能以孤立的形式存在，但实际上却孤立存在了，这其实并不重要。素描的目的不是要展示现实，而是展示包含所有地质相关信息并有效描述的模型。

在绘图和观察后期，将层中部分填充内部结构，经常证明是有用的。这样，稍后观察到的结构仍然可以插入到图中而无须大的校正。如果前期就填充很满，则需要个人技能才能插入新结构或使其适应先前的结构而无须难看地夸大。各个图层的开放边框可以封闭，但不一定是这样。如果图被过度填充或没有任何用于补充的空间，则选择为其他结构绘制第二梯队块。

复杂褶皱的绘制方式相同。首先，绘制一个简单的基本块，使其适应主级褶皱构造，且已经包含内部褶皱结构[图4.25（a）]。同样，省略块的部分边界也是很便利的。在下一步中，可以将更多褶皱（属于新的，并折叠了老的构造）添加到块的背面[图4.25（b）]。

不同世代褶皱的空间分离有助于避免耗费素描时间。如果发现其他构造在不对现图做大修改的情况下不能再插入，如像穿过褶皱的新的岩墙，那么，块的增加可能是一种有用的补救措施，但这样的构造不能直接连到已有块上。他们可以是独立的，两者之间有空隙。例如，重要的是，同一世代的褶皱具有相同的几何形态，并且它们的轴和轴面具有相同的方向。假如图中一半的构造与另一半不连续，也无关紧要，并且图所表示的地质构造仅仅是示意性的，那么尽可能清晰和简洁。

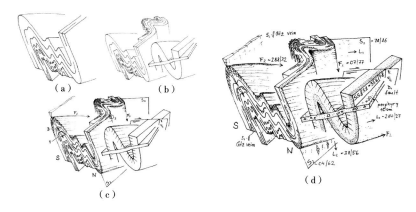

图4.25 多重褶皱的绘图步骤

（a）单次褶皱构成图的基本模块；层的上部平切面作为水平标志；因此，褶皱轴呈平缓到中等倾角；图向后开口，以便于合并其他结构；（b）在块的背面添加一个晚期的陡皱褶与小的第二期褶皱；因此，避免了折叠褶曲的困境；先期褶皱的第二世代褶皱被置于块的右侧，并被形成时间晚的近水平岩脉横切，可以防止岩脉插入块中，并避免复杂的修改；第二期褶皱也保持向后开口；（c）在下一步中，将构造细节插入图中，特别是三个变形事件形成的页理面、与S_1平行的石英脉（箭头1）及后期断层；个别面超出块绘制，以使这些平面上的线理可见；片理对于强调变形事件的先后顺序也很重要；围绕F_3—峰脊（圆圈2）的S_2 / S_3交叉线的弯曲证明了皱褶的先后顺序；与S_2平行的石英脉的颈缩以这样的方式画出，使得石英脉在视觉上看起来不被已经绘好的先前的层边界（圆圈3）横切；（d）随后，对岩层进行填充，将线理画在不同的页理面上，并在图中标出测量值，做好标注；内部结构也用作阴影以增加图形的三维外观；原图约A5大小，签字笔，线粗0.2mm，斜置导线稍细

即使在这个相当复杂的草图中，新发现的结构也可以毫无问题的合并到间隙中［图4.25（c）］。在多次变形的岩石中，页理面是特别重要的。如果准确地描绘出它们相互的截切关系，那么变形的顺序就可以完全清楚。同样，这些面也用于增强图的三维效果。如果需要将较年轻的构造［如图4.25（c）中与S_2平行的石英脉］插入较老的构造中，则可以使用构造中的变窄来避免线的重叠。

在最后一步中，将结构细节添加到不同的表面尤其是线理上，以增加典型的内部构造如斑岩脉构造和石英脉横切裂缝的显示效果，以及补充具有测量值的标签[图4.25（d）]。在处理公认的构造时，通常更容易测量它们，将它们合并到图中，并将它们一次性标注。然而，这些早期标签可能会妨碍后续素描，有时必须规避。完成的图不需要被完全限制，因为可能仍然不完善，甚至不完善之处比这个例子更多[图4.25（d）]。假如结构只是在局部被表现出来，那也足够了。这样的话，信息内容并未减少，但是图却更加清晰。

与绘制薄片[图2.8（c），图2.20（b）]的情况一样，样本和露头图的部分放大是连接不同尺度结构的好方法（图4.26），这使得小比例尺地绘制结构而无需用太多细节填充它们成为可能。这样可以节省时间并避免图在视觉效果上过于繁杂同时，仅仅在需要支撑大构造时及需要被放大的区域才需要填充。这些需要填充的区域的形状无关紧要，但通常它们以圆形或矩形/正方形表示。放大的部分置于图旁边，并用线连接到它们的原点，或用数字或字母标记。

如果图已经包含大量细节，那么在附加图中描绘大比例尺构造可能是值得的（图4.27）。如果这些大比例尺构造含有从主图中无法获得的重要信息，则尤其重要。在这种情况下，甚至可以调整附加图，使其几乎与主图一样大。

如果已经趁机以不同比例尺绘制标本或露头图，则待放大区域可能已经位于厘米—毫米范围内。这意味着，露头图的进一步放大将呈现出颗粒级别的结构，即毫无疑问落入薄片范围。从理论上讲，整个图可以表示出从分米级到米级到微米级的结构。

如果露头包含了太多不同的结构，如沉积和变形构造的混合，则需要采用更大的样本并以更大的比例尺小心精确地绘制这些结构（图4.28）。同样，这些区域不需要完全填满。然而，该图中的大量不同构造仍需近乎完全描绘出来。努力是值得的。除了有限的标注，几乎每个详细构造都提供了有关岩石沉积和随后的变质和变形历史的重要信息。当然，图上的结构要求具备易读性，以便将图作为资料归档。如果图不仅仅是"家用"，则还应添加更详细的标注。

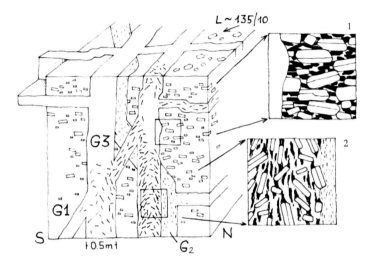

图4.26　带有放大截面的块状图

图4.26中花岗岩G_1被两套后期的花岗岩脉G2和G3横切。早期花岗岩G_1的近水平岩浆页理由板状长石表示，且仅在局部示意绘出。在两套晚期花岗岩脉内，自形长石的扁平面大致平行于岩墙呈定向排列或形成十字弧。花岗岩G_2中的大型薄板状长石用长画线表示，花岗岩G_3中较小的长石以短而稍细的画线表示。大多数长石指示了岩浆页理。因此，不需要再绘出岩石的基质，这节省了大量时间并使绘图保持"清爽"。放大的截面表明，其所代表的岩石通常在绘图中看起来比实际上更明亮。这种与自然的差异完全获得了时间和图件清晰度的补偿。G_1的放大截面1表示了颗粒结构，指示基质中大量粗粒且定向排列的黑云母，也显示了长石晶体被花岗岩脉G_3截切。G_3区域保持空白，因为这些结构已经在放大截面2中显示。这个放大的截面覆盖了G_2和G_3之间的边界区域。同样，它显示了G_3中大量的黑云母，并揭示了G_2和G_3中定向结构的细节。主图的比例仅与岩脉的厚度有关。因此，全图中存在三种不同范围的尺寸：岩脉系统的m—dm级范围，长石斑晶的cm—mm级范围，以及两个放大截面的mm—μm级范围。重新绘制，合并了同构造期的晚元古代花岗岩类（Porto Belo，巴西）野外草图；露头KR4226和KR4230（Kruhl，1996）；原图约A5大小；签字笔，线粗0.1和0.2mm

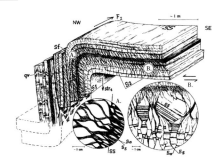

图4.27 Rhenish地块（德国 Loreley 附近的莱茵河中游地区）的泥盆系
变质砂泥岩层中的m级皱褶（"Spitznack"褶皱）的块状示意图

另见图1.4中的照片和草图；皱褶是由顶部朝北西方向的运动造成的；皱褶的长翼和短翼主要填充了第二变形事件的页理面S₂；特别注意地精确绘出了在泥质和砂质层中发育的两组S₂面的不同方向；在两个放大的截面A和B中，清楚描绘了小泥质碎块的旋转及Sa和Ss之间的SS砂质层理；此外，对解释岩石变形历史很重要的构造也进行了绘制，如拉伸线理（str1）、平行层面的剪切面（sf）、擦痕面（sl），以及剪切且水平压缩的石英脉（qv）；据Zurru和Kruhl之后修改（2000）；原图约A3大小

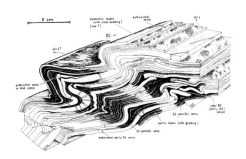

图4.28 来自中阿尔卑斯山古近系复理石的褶曲和页理化的砂泥岩层
（瑞士乌里，Seedorf附近的Gasparini采石场；KR3756样本）

沉积结构包括：（1）厚度不规则且局部呈楔状的富含石英层（画点的层）；（2）细的交错纹层；（3）泥质层中的粒序。变形结构主要包括：（1）砂质层中早期的延伸石英脉D₁；（2）泥质层中平行层面的第二期片理S₂和拉伸线理str1；（3）平行于S₁的石英脉；（4）晚期D₁剪切面；（5）泥质层中的第二期片理S₂和第二期拉伸线理str2*；（6）在褶皱核部具延伸石英脉的第二期褶皱F₂；（7）与S₂平行的石英脉。砂质层用其内部结构进行稀疏填充，从而增加了与泥质层的对比，并突出了层厚的变化。为节省时间，泥质层仅局部填充。该图清楚表明岩层在变形过程中表现出的延展性，但没有晶体塑性行为。墨水绘图，原图约A3大小

4.3　野外素描

在前面的章节中，详细介绍了素描的步骤和系统演变，这是为了阐明素描的原则。然而在野外，其环境与温暖房间中的桌子非常不同。就像我们逐步观察和测量并经常在跳跃中一样伴随着错误和中断，野外的素描会在跳跃中伴随错误及随后的修改而进行。如果手指因冷而僵硬，风吹乱野外记录簿页，我们站在陡坡上肌肉痉挛，且时间有限，那么，"漂亮"的绘画是我们脑海中最后才会考虑的事情。相反，精确、快速、简易和简洁才是首要的。因此，应该再次强调：整洁和美观的绘画可以给读者带来很多快乐，并且适合演示和出版。最终，在野外只有两件重要的事情：首先，我们贴近看，详细观察，并通过我们的观察，获得有关地质结构和过程的认识；第二，用简洁的素描将我们的观察结果在纸上呈现出来，使得我们的野外记录簿成为一个信息丰富且易于阅读的资料档案（图4.29和图4.30）。

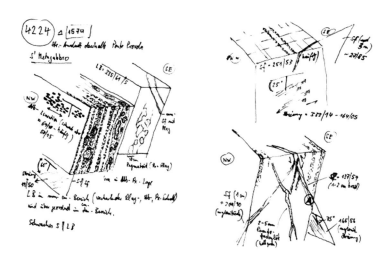

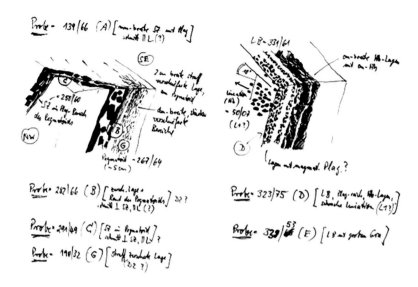

图4.29 画有Finero的岩浆杂岩（意大利北部 Valle Cannobina 的 Ivrea带）露头图的野外记录簿双页扫描

各种岩石及其结构显示在5张朝向相似的图中，反映了岩石的时代顺序。在画出了层面及线理的第一个块之后，在相邻层中观察到新的结构，并在新图中逐步表示。在单独的块中绘制结构，简化了单个结构的表征，并增加了图示的清晰度。变辉长岩的成层性由斜长石、辉石、角闪石及石榴石的不同含量造成，这种成层性在两个块中有显示，而在另外三个块中仅有微弱显示。每种结构也只在一个块中出现，并且只标出一个与之相关的测量值或测值区间。图中标出了样本的方向及其结构，并标出了样本的大概位置。通常，为节省时间致使图不完善。图中也给出了不同类型层的厚度。然而，其他结构未按比例绘制。野外记录簿35（Kruhl，1996）；双页约A4大小；用德语标注；黑色签字笔

这意味着，绘制野外草图通常应尽可能快速且经济。即使只有一单层且页理化的岩石（图4.31），或只具有主要的页理、线理及少量石英脉和石香肠（图4.32）的两层不同岩石，只要是在露头中可见，仍然值得画一画。它不仅比编写描述性文本更快，而且还更清晰地描述了结构。另外，只能一次又一次地强调，与文本信息相比，野外记录簿上的图所反映出的信息可以快速识别和处理。

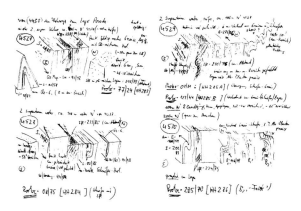

图4.30　画有 Baronie（意大利东部撒丁岛）华力西基底的野外记录簿双页扫描

基底主要由片岩和不同类型的片麻岩组成。沿道路[垂直于大型断层切开（Posada Asinara线）]的4个不同露头的结构被绘制并标注。与图4.29相比，图和标注放置得太紧密，并且万一有新观察到的结果，也将无法对块进行扩展。所有块都是相同朝向，以便视图方向保持不变。因此，可以快速检查结构之间的相似处和差异。例如，主要片理上的线理总是具有相同的轮廓（从块到块）。对于一组出现在所有富云母层中的后期剪切面ssl也是如此。与主要片理有关的褶皱，其差异是显而易见的。褶皱的几何形态及褶皱的视感随剖面变化。不受变形影响的晚期铁镁质脉体分开绘制。因此，避免了脉体复杂地插入已经存在的块中。标出了样本的方向、结构及不同类型岩层的厚度。但是，其他结构不按比例绘制。野外记录簿37（Kruhl，1999）；双页约A4大小；用德语标注；黑色圆珠笔

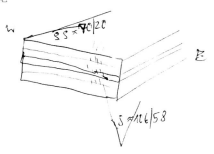

图4.31　近水平成层且具陡倾片理的片麻岩野外草图[Glen大断层以西苏格兰高地的Moinian；样本KR1754（Kruhl，1979）]

这张图在几秒钟内完成，违反了"绘图原则"；然而，它仍然可以快速记录稀疏的岩石结构和测量结果；因此，不需要精确的绘图和比例尺；原图大小约8cm×5cm；圆珠笔

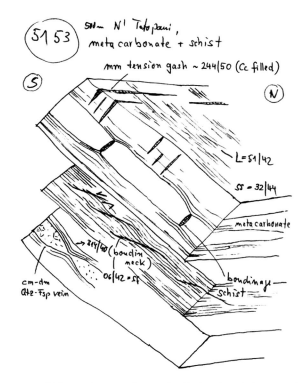

图4.32　具低变质程度、页理化及石香肠构造的变质碳酸盐岩和片岩层
（低喜马拉雅序列）的野外草图 [Tatopani（Baglung，尼泊尔）北部的
Kali Gandaki山谷；露头KR5153]

只有少数独特的构造，所以图中相应地保持稀少的构造；标注之后添加下层和部分内部
结构；标出了石英—长石脉体和张性缝的宽度级别；位于野外记录簿43（Kruhl，2013）；
原图约B6大小；圆珠笔

　　以下内容也适用于野外快速素描：图应调整方向，以便重要的
面清晰可见，并且三维结构（如褶皱）易于表示（图4.33，图4.34
和图4.35）。图通常只局部画边界，在某些情况下，它可以从野外
记录簿的边缘"切断"。许多标注和值可以在早期添加到它们所属
的面上，之后，才能进行内部结构填充。这样，标注比在图纸旁

边列出更好分配。即使人们想要或已经快速绘制，也应该花时间通过有意义的明暗对比来强调结构的三维效果，进而增加图的可读性。

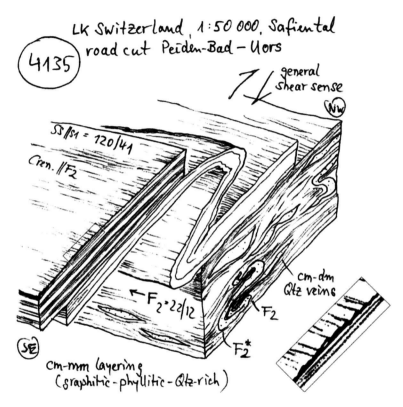

图4.33　页理化且褶皱的千枚岩层
瑞士Safiental；露头KR4135；（Kruhl，1994）

具有与S_1平行的石英脉、拉伸透镜体，且局部为等倾褶皱；这些脉体的重结晶以淡的点表示；与层平行的片理中的细褶皱D_2稍后添加，且对初始的块的直边进行小的修改（在草图细节中示出）；线理用于增加褶皱块的三维外观；仅做必要的标注；由于褶皱轴和线理是平行的，因此不标示其他测量值；相反，其他信息（如大体的剪切方向）被添加到图中；给出了层和石英脉厚度的大致规模；野外素描；野外记录簿35；原图约A6大小；圆珠笔；初始的德语标注替换为英文

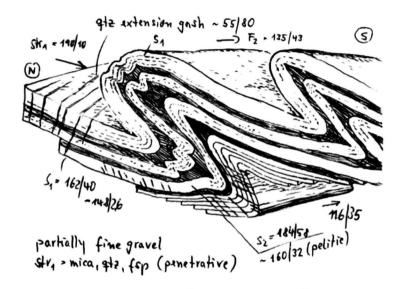

图4.34 双重页理化并褶皱的砂泥岩层野外草图 [瑞士Safiental；
露头KR4137（Kruhl，1994）]

拉伸并交叉的线理增强了图的三维外观；突出了泥质层中强烈的第二期页理；砂质层
仅被第二期片理S₁和第二期片理S₂形成弱的页理，并且适当稀疏地填充，与天然亮度
对比一致；因此，褶皱的细节更加突出；褶皱的几何形态（加厚的褶皱脊部、变薄的
翼部及S₂面的桩和风扇位置）表明了韧性变形及砂质层和泥质层之间强烈的强度对比；
由于页理面方向是变化的，因此测量值与其特定位置有关；D₂褶皱的大体剪切方向是
从整个露头推断出来的；图未按比例绘制，因此不含比例尺；相反，标示了层的大致
厚度和褶皱的大致规模；原图约A6大小；黑色圆珠笔；原始的德语标注替换为英文

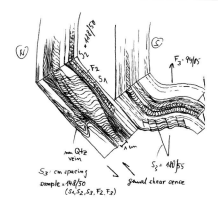

图4.35 被褶皱并页理化的cm级厚的变质砂泥岩层的野外草图 [瑞士Ilanz附近Gotthard地块东部的二叠纪—三叠纪盖层；露头KR4136（Kruhl，1994）]

该图用于刻画三种类型的页理和皱褶及它们对应的先后顺序；特别注意地描绘了与不同云母含量层相关的细褶皱的变化；记录了样本的方向及样本上可见的结构；原图约A6大小；圆珠笔；原始德语标注替换为英文

　　特别是在野外观察和素描时，两个过程通常是非系统地接近或根本不能系统地接近，这样可以利用半示意图符号语言的优势：图式化的速度、高识别度或符号结构、素描形式自由的灵活性即与岩石和结构的空间关系或其尺度无关。自由形式素描几乎没有限制。如果很安静，则只进行足以满足需求的内部结构填充。如果有时间，也有安宁，则可以以愉悦的心情进行完善，并使素描变得漂亮。如果发现新的构造无法再组合或添加到现有图中，则应该在初始图旁边或下面绘制新的图（图4.36）。新图的方向应与旧图相同，并采用相同的局部比例和符号。

　　破坏"适当规则"也不是世界末日。当快速素描时，沿着块角落的线条通常保留而不连接，层或页理面不规则且不严格平行，并且，当结构被添加或局部需要修改时，图的现有边界或整个部分通常就绘制结束了。只要地质信息清晰，图的精确度和清洁度就不那么重要了。

　　如果在野外有时间，并且岩石结构复杂多变，那么在经过长时间观察后开始绘图，并在构图中涵盖所有结构，这绝对是值得的（图4.37）。这有助于结构的连贯性，即便经常导致素描复杂，但务必清晰且很具启发性。即使在大比例尺素描中，也不一定非要精确地按结构在岩石中的样子去表示。因为这通常会导致结构的繁杂，使图像很不清楚。即使在这样的绘图中，留下间隙以节省时间且使绘图更容易和更易于管理是有用的。

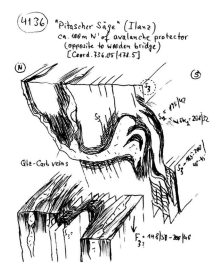

图4.36　褶皱且页理化的变泥质岩 [瑞士Ilanz附近Gotthard地块东部的二叠纪—三叠纪盖层；露头KR4136（Kruhl，1994）]

在这个典型的"不纯"的野外草图中，结构填充和标注尽可能保持稀疏；为了增加对比度，主要绘制了石英—碳酸盐脉周围的页理面，很少考虑图的精确性；然而，考虑更多的是结构之间的关系：（1）石英—碳酸盐脉与S_2的平行性和不协调性，表明与页理面相关的脉的形成年龄是多变的；（2）S_2在S_3面之间褶皱；（3）F_3局部陡峭，局部平缓；回顾性地，S_2被归类为S_3（在虚线圆圈内修正）；S_3和F_3的走向和倾角值范围反映了这些结构的空间变化；难以在上（第一）图中展示S_3面之间的S_2面的褶皱，其主要是因为是垂向切开；因此，只要空间允许，则在第一张图下方素描具有水平顶面的第二幅图；野外素描；原图约A5大小；圆珠笔；原始德语标注被替换为英文

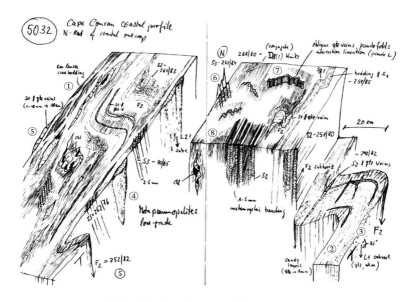

图4.37　页理化并褶皱的变质砂泥岩野外草图 [Cape Conrad沿岸剖面
（澳大利亚维多利亚州Mallacoota）；露头KR5032（Kruhl，2009）]

图从左到右为并排的两个块；随后，在两个块的前面和右面都添加上褶皱，以便示出
陡倾褶皱轴的方向；如果附件向下移动，如图的右侧那样，块侧面的一部分就露出来，
并能看到其上的结构（此例中为近水平的L₂）且保持可见；为清晰起见，仅描绘局部
结构；这也反映了实际情况，不同的结构与岩层的不同云母含量有关，因此仅局部出
现；由于云母含量多变，变质砂泥岩极好地描绘了不同的变形结构；残余的沉积结构，
如细小的交错层理①、第一期片理S₁②及第一期线理L₁③，偶尔都可以在砂质的富石英
层中识别出来；在素描的后期阶段，与S₁平行的石英脉④添加到块的侧面，以便显示
出它们的陡倾方向和相关的线理；该线理还用于刻画石英脉的三维形状；与S₁和S₂平行
的石英脉被打上点，表示石英重结晶，并配上特征性的横切裂缝⑤；为了显示后期结
构的空间方位，这些结构要么是横向绘制的[（S₃片理⑥），要么向上突出（呈似褶皱
的晚期石英脉⑦）]，要么在两个正交的块面上表示（膝折带⑧；水平比例尺与层的厚
度有关；原图大小等于野外记录簿的双页，即大致A4；圆珠笔

　　如果在露头中清楚地出现大型结构，那么首先构建这些结构的
相对简单的概略图是有意义的（图4.38）。当然，这样的图可以包
含较小的结构和标注。但是，更多的细节将在其他较大比例尺的图

中进行刻画，其位置在概略图中标出。这样，一方面，较大的结构与较小的结构相关联；另一方面，避免了图的繁杂和不可读性。

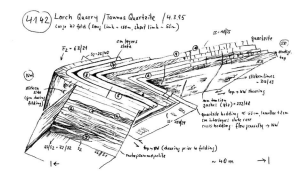

图4.38　石英岩和变质砂泥岩层序的华力西褶皱野外概略图 [Taunus石英岩（德国莱茵河中游Lorch）采石面约30m长，北西—南东向；露头KR4142（Kruhl，1995）]

该图显示了沉积和变形结构，仅局部示例，主要用于阐明结构与其在褶皱内的位置之间的关系；详细显示的：dm级厚的石英岩层中的交错层理（指示了地层顶）、这些层中的滑动褶皱、从褶皱翼部到顶部的交错层理几何形态的变化、层厚的变化、第二期页理与层的交叉、褶皱脊部的扇状页理、褶皱顶的几何形态及围绕褶皱不同部位的擦痕面的变化；数字涉及的是特殊结构的细节；图中褶皱轴和褶皱长翼的层看起来很陡，与它们真正的31°~35°的中等倾角形成对比；为了更好地看到层底面及其结构，图中将块倾斜，使得视线方向不是水平的，而是"斜向上转"；原图的大小等于野外记录簿的双页，即大致A4；圆珠笔；原始德语标注被英文取代

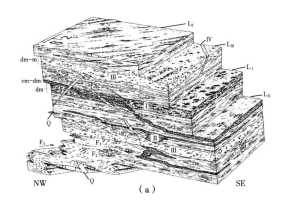

（a）

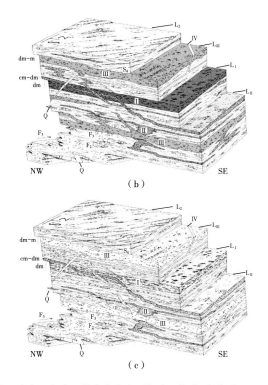

图4.39　撒丁岛东北部海西基底中的变形与注入构造 [意大利；Mte' e Senes；
合并的野外图；重新加工，数字标记和填充；在 Kruhl 和 Vernon（2005）
之后修改；原图约A4大小]

（a）梯队块的板以这样的方式错开，即在不同花岗岩Ⅰ~Ⅲ和变质岩墙中的页理面及不同线理的方向是可见的；褶皱层添加到块侧面的下方，从而可以识别褶皱轴F₃的方向；石英脉略微凸出块的上表面，以显示其延伸；晚期页理面S₄的三维方位可以从它们与块的两个纵向正交面的交线推测出来；在花岗岩类中，为了避免图的繁杂并保持其清爽，仅以短划线表示了花岗岩Ⅰ中的黑云母片或黑云母重结晶颗粒的集合体；石英脉透镜体（Q）的特点是具有横切裂缝；给出了花岗岩Ⅰ~Ⅲ的近似层厚，因为这些厚度有变化并且不能从无比例尺的图中推断出来；（b）页理化的岩墙保持为浅灰色，使得内部结构可见，并与花岗岩层明显区分；因此，花岗岩类可以更容易地彼此区分，并且注入构造的时间顺序更清楚；（c）通过用不同的灰度填充4套花岗岩层可以获得类似的效果

4.4　数字处理

用于薄片的方法可能相对于手标本和野外绘图更真实。除了野外存在的技术困难之外，首先用计算机来绘图就是最大的劣势。它很累赘、速度慢，处理细节更不准确。内部结构可以最佳地示意性表示，而精细结构通常完全不考虑。

当碰上素描图需用于展示或出版（图需整洁和清晰）的时候，图的数字处理就有许多好处。在野外快速素描中经常出现的许多典型的弱点或错误能得以解决：（1）分别增强太弱的对比，削弱太强的对比；（2）消除污渍；（3）去除绘制错误的面；（4）消除多余的结构或过多的充填。

此外，可以完善和更新标注。在快速的野外素描期间，对于不熟悉作者笔迹的他人而言，手写标注可能难以理解。不同大小和线宽的计算机字体可以解决这种情况，特别是素描很复杂并需要详细标注的时候[图4.39(a)]。甚至用白色背景来衬托标注，使其更具可读性，并且允许将标注直接放在内部结构充填的区域中。

虽然通常不需要对图的各个区域进行着色或用不同的灰度进行填充，但它能有助于从视觉上更好地区分不同的层和结构，从而更好地提高图的整体可读性[图4.39(b)，图4.39（c）]。当然，也应该注意，需要确保颜色或灰度尽量接近于岩石的自然色彩，或至少接近它们的相对明暗关系。

4.5　标注原则

地质绘图代表了丰富的岩石及其结构的详细信息库，可以从中获得有关岩石和结构的状况及演化的更多信息。因此，标注应该只是在以下情形中特别适合的补充，即草图不是唯一的或信息无法以图形方式表达。过于详细的标注会抵消图纸的意图，即以简洁、简单和快速易懂的方式提供信息。

　　这也意味着标注通常由缩写、岩石、矿物和结构组成。缩写由标准定义，通常容易理解，如教科书或特殊文献中的规则。例如，Kretz（1983）及Whitney和Evans（2010）定义的矿物。由于野外绘图通常旨在留存供个人使用的资料，因此，使用简单、富有洞察力的缩写并开发自己的缩写语言并没有错。

　　平面和线性方向的测量是野外工作的核心组成部分，这些测量值应直接写在图中的结构上[图4.8（d），图4.11，图4.22，图4.24，图4.25，图4.34，图4.36和图4.37]。只有在图中包含空白区域或标注为白色衬托时才可以执行此操作。在高度填充的图中或需要详细标注时，最好将标注（至少一部分）放在图的两侧[图4.9（d），图4.28，图4.33，图4.34和图4.39]。在开始素描时，也应该为此目的保留足够的空间。标注越靠近相应的结构，在查看图时，可以更好地链接定性和定量信息。

　　如果结构方向不变，则标示一个测量值就足矣。变化越大，应标示更多的测量值，或至少两个指示范围的值（图4.34和图4.36）。测量值的精确程度及结构或结构序列分类的稳定程度，仅能在野外进行评估，而不能随后在素描板上进行评估。因此，在图中以适当的符号标记这些评估是有用的。"？"或"??"表示不确定的评估，"～"表示非精确的测量值，如图4.19、图4.21、图4.22、图4.36和图4.37所示。

　　由于野外结构的绘制几乎不按比例进行。因此，只能为不多的图形提供统一的比例，如当绘制单个样本时（图4.28）。在某些情况下，比例对于地质信息并不重要。然而，在许多情况下，如果结构的尺寸从形状或其他信息中无法得知，则图形具有一个或更多比例是有用的。对于大型概览图，如采石场墙或公路切面，指定所描绘的露头的总大小是有用的。从那里，单个结构可以配上比例尺，以说明层厚或澄清各个地质体的大小（图4.20，图4.21，图4.26和图4.37）。通常更容易将比例尺结合到标注中，如晶体的尺寸、尺寸范围或层及页理面之间的间距以毫米、厘米或分米为单位（图4.18，图4.19，图4.21，图4.23~图4.25d，图4.33，图4.37和图4.39）。使用这种灵活的刻度，即使是无比例尺的图，也可以包含与结构尺寸有关的精确信息。

即使结构的方向及由此确定的绘图的方向可以从测量值估计，但如果素描配有基本方位，读者可能更容易理解。回顾野外草图，即脑海中回忆野外资料时，也可以将结构快速、轻松地归位到大尺度的地质过程中，如推覆运动、岩浆体中的流动等，并且可以快速、轻松地理解草图与不同露头的关系。以45°为增量指示方向就足够了，即北、北东、东等。以数字形式并附带更精确的方位度数增量来表示，信息将太混乱。重要的是，基本方位通常置于绘制模块一侧的两端并且大致水平，以便可以清楚地推断模块的方向（图4.18~图4.26，图4.31~图4.39）。

野外草图可以帮助指定确切的位置，哪个岩石、哪个构造、哪个露头面上采的样品和照的相片[图4.18（c）]。这是一个重要的优势。样品到结构的精确归位明显增加了它们的重要性，并且如果样品被贴错标签或标签在切割时被部分或完全破坏的情况下，草图甚至可以保存样品。如果可能，照片的详细位置应始终在野外草图中标记（图4.21）。只有这样，这些照片才能成为素描的一个很好的补充。同样，对于附有概览图的放大截面也是如此（图4.27和图4.37）。应准确指出它们在概览图中的位置，以便细节与对应的大型结构可以明确匹配。

虽然不言而喻，但现在再次指出这一点：应始终根据其方向采取样本。这意味着，应测量样本表面的方向，并将其走向和倾角值及样本编号一起写在图上。采用定向样本只需要稍微多一点的努力，但有更多的好处（Prior等，1987）。

关于标注这一点，之前讨论的所有内容中仍未提及。事实上，绘图当然还必须涵盖有关露头的其他信息，包括对位置的描述，如有必要需附上坐标、图幅信息（图4.33），还可能包括有关露头的大小、类型及出露条件（人工/天然；新鲜/风化）。在一系列露头中，不必为每个露头指定此信息，但应将其包含在某处。另一方面，植被和人为目标不属于素描，除非它们与图的地质信息直接相关。

没有露头和样品编号的图是不可想象的。在对这种编号分类的所有不同方法中，在我看来，最简单和最短的编号是最好的：露头编号从1到无穷大。多少露头被分配一个编号，是个人自己的选择。对于长达数百米的大型树枝状采石场或道路切面，为各个部分或切面分配单独的编号可能是有意义的。从具有编号的露头中取出的每个标本都分配了这个编号。如果从一个露头中取出多个标本，则会在该编号中添加一个字母。在该方法中，露头、标本和野外素描清楚地相互关联，并与标本中的所有数据集相关联。实际上，一个编号包含最多四位数字和一个字母，就可以快速准确地绑定和检索各种信息，这是一种简单、清晰、有效的方法。

4.6　总结

（1）在野外绘图时，速度、简化和简洁是最重要的。我们用简洁的符号语言在纸上表达我们的观察，并使我们的野外记录簿成为信息丰富且易读的资料档案。

（2）大多数岩石结构都是空间定向的，应在至少20cm×15cm（A5），最多A4大小的野外记录簿中以三维形式绘制。

（3）观察在素描之前进行，但在素描开始后并不停止，这两个过程不断交互。

（4）野外草图中的结构不是以它们呈现的方式来表示，而是被整理和分组，以使图样整齐且信息传达清楚。

（5）素描是逐步从大型简单结构到更小更复杂的结构。

（6）为了使表面上的构造和结构的方向更加明显，现有结构与块需分开绘制或添加新的结构。

（7）应在图件周边留出足够的"附件"空间。

（8）草图应松散地填充内部结构，留些空白！

（9）地质素描一般不按比例绘制，单个结构的大小用各自的比例指定或标注，而局部放大是结合不同规模结构的好方法。

（10）标注由尽可能多的缩写组成。通常，草图提供了比从标注所理解到的更多的信息，但标注补充并阐明了图纸内容。

（11）测量值应标在图中，并写在相关结构附近。采样和照片位置也应标在图中。

（12）完全数字化绘图不是一个好主意。然而，可以容易地以数字方式对图进行改进、校正和清晰地标注。

（13）素描的目的通常不是对真实情况进行复制。相反，它应该是一个反映了真实情况且清楚有效地表示出了相关地质信息的模型。

照片显示了来自Monte Rose推覆体（Beura，Val d'Ossola，意大利）的正片麻岩，细粒的黑云母—石英—长石基质被弱页理化和褶皱。双重变形还导致厘米级的斜长石发生塑性变形并在长石棒中拉开。尝试绘制样本的块状示意图。考虑到黑云母层由亚毫米范围内的重结晶晶粒组成，并且长石棒覆盖有高达1mm宽的白色云母片，可以分3步完成绘图。在第一步中仅绘制样本的轮廓和粗略结构；其次，使结构更精确；在最后一步中，填充并标注草图。

参考文献

Coe, A.L. (ed.) (2013). *Geological Field Techniques*, Wiley−Blackwell, 323 pp.

Gill, R. (2010). *Igneous Rocks and Processes*, Wiley−Blackwell, 432pp.

Gehlen, K. von and Voll, G. (1961). Röntgenographische Gefügeanalyse mit dem Texturgoniometer am Beispiel von Quarziten aus kaledonischen Überschiebungszonen. *Geologische Rundschau*, 51, 440−450.

Gosen, W. von (1982). Geologie und Tektonik am Nordostrand der Gurktaler Decke (Steiermark / Kärnten − Österreich). *Mitteilungen aus dem Geologisch−Paläontologischen Institut der Universität Hamburg* 53, 33−149.

Gwinner, M.P. (1971). *Geologie der Alpen − Stratigraphie, Paläogeographie,*

Tektonik, E.Schweizerbart' sche Verlagsbuchhandlung, 477 pp.

Kretz, R. (1983). Symbols for rock–forming minerals. *American Mineralogist*, 68, 277–279.

Kruhl, J.H. (1984a). Metamorphism and deformation at the northwest margin of the Ivrea Zone, Val Loana (N. Italy). *Schweizerische Mineralogische und Petrographische Mitteilungen,* 64, 151–167.

Kruhl, J.H. and Vernon, R.S. (2005). Syndeformational emplacement of a tonalitic sheet complex in a late–Variscan thrust regime: fabrics and mechanism of intrusion, Monte' e Senes, northeastern Sardinia. *The Canadian Mineralogist,* 43/1, 387–407.

Nabholz, W.K. and Voll, G. (1963). Bau und Bewegung im gotthardmassivischen Mesozoikum bei Ilanz (Graubünden). *Eclogae Geologicae Helvetiae*, 56/2, 756–808.

Paterson, S.R., Vernon, R.H. and Tobisch, O.T. (1989). A review of criteria for the identification of magmatic and tectonic foliations in granitoids. *Journal of Structural Geology*, 11, 349–363.

Prior, D.J., Knipe, R.J., Bates, M.P., Grant, N.T., Law, R.D., Lloyd, G.E., Welbon, A., Agar, S.M., Brodie, K.H., Maddock, R.H., Rutter, E.H., White, S.H., Bell, T.H., Ferguson, C.C. and Wheeler, J. (1987). Orientation of specimens: essential data for all fields of geology. *Geology,* 15, 829–831.

Prothero, D.R. and Schwab, F. (1996). *Sedimentary Geology*, Freeman & Co., 575 pp.

Steck, A. (1968). Die alpidischen Strukturen in den Zentralen Aaregraniten des westlichen Aarmassivs. *Eclogae Geologicae Helvetiae*, 61/1, 19–48.

Steck, A. and Tièche, J.–C. (1976). Carte géologique de l' antiforme péridotitique de Finero avec des observations sur les phases de déformation et de recristallisation. *Bulletin suisse de Minéralogie et Pétrographie,* 56, 501–512.

Trewin, N.H. (ed.) (2002). *The Geology of Scotland, 4th edition.* The Geological Society London, 576 pp.

Vernon, R.H. (2000). Review of microstructural evidence of magmatic and solid−state flow. *Electronic Geosciences*, 5, 2.

Vogler, W.S. (1987). Fabric development in a fragment of Tethyan oceanic lithosphere from the Piemonte ophiolite nappe of the Western Alps, Valtournanche, Italy. *Journal of Structural Geology,* 9, 935−953.

Voll, G. (1960). New work on petrofabrics. *Liverpool and Manchester Geological Journal*, 2, 503−567.

Voll,G. (1976a). Recrystallization of quartz, biotite and feldspars from Erstfeld to the Leventina Nappe, Swiss Alps, and its geological significance. *Schweizerische mineralogische und petrographische Mitteilungen*, 56, 641− 647.

Whitney, D.L. and Evans, B.W. (2010). Abbreviations for names of rock− forming minerals. *American Mineralogist*, 95, 185−187.

Zurru, M. and Kruhl, J.H. (2000). Die Loreley. *Steinalt und faltig −jung und schön*! Selden & Tamm, 70 pp.

第 5 章

地质
立体图

5.1 基础

较大区域的结构可以聚合成地质立体图。这些与样品薄片和露头的三维素描大致相同，但通常沿剖面概括较大区域的结构分布。一般，应用与三维素描相同的规则：（1）结构仅以不同的比例示意性和象征性地表示；（2）块表面走向平行于重要的面状或线状构造；（3）地质立体图被设计成梯队块，其中某些结构被示例性地绘制，即从块内延伸到块外，以使它们更明了；（4）调整块的方向使尽可能多的面清晰可见；（5）块表面仅松散且不规则地填充内部结构；（6）即使在地质立体图中，也可以将各个部分与其他部分分开以便更好地表示。

大型结构的简化表示是地质立体图的一个优点。借助这个原则，大规模的地质构造（通常是山脉或山脉的一部分）能得以清晰刻画。另一方面，构造和岩石在远距离及大区域内的变化也能非常详细地展示出来。切过山脉的二维横截面属于经典的地质表现方法，可追溯到早期的地质文献（Geikie，1893；Peach & Horne，1914；Heim，1919；Staub，1924）。甚至第三维也被经常融入地质表示中：（1）以系列平行剖面的形式（Heim，1921）；（2）以正交或横贯剖面（Matter等，1980）；（3）以多个隔开面或层，特别适用于大规模的复杂褶皱（Ramsey，1967；Passchier等，1981；Holdsworth & Roberts，1984）；（4）以"真正的"地质立体图（Hagen，1969）。如果块表面示意性地模仿地质形态，则可以看到地质对表面形式的影响（Trümpy，1980；Wagenbreth & Steiner，1990）。山脉的某些部分不仅以细长的立体图呈现，而且以多个毗连的梯队块呈现，并附有深度及部分结构填充（DeRömer，1961；Stephenson & Gould，1995）。

由于所有这些立体图都是按比例绘制的，因此与本书中所示的那些素描相比，它们缺失了中等和较小的构造。此外，尽管有横截面和部分凸起的层，但它们仍然是相对封闭的块。另外，没有采用示例性绘制结构，即缺少从块内向外延伸绘制的优点。Gerhard Voll（Voll，1960；Voll，1963；Nabholz & Voll，1963）在20世纪60年代初引入了第一个无比例尺的地质立体图，它通过对小尺度结构的放大表示、单个块部分的相对移动或凸起及向块外的结构延伸等方法，产生了更高的信息含量。在后来的年月，此法被其他作者（Kruhl，1979，1984a，1984b；Vogler & Voll，1981；v.Gosen，1982，1992；Vogler，1984；Altenberger等，1987；v.Gosen等，1990）部分采用。通过将大规模结构与无比例尺的小规模结构相结合，可以更深入地了解大区域的组成和构造演化。即使文献中的地质立体图几乎都是水平延伸的，但实际上也不必一定如此。例如，垂向延伸可以便利地表示整个陆壳的局部组成和构造演化（Voll，1983）。

地质立体图和三维样本或露头图之间的主要区别在于，立体图从一开始就借助于现有数据（主要是野外素描）完全构建。因此，可以预先估计必要的空间，而不必事后再添加结构。可以决定要去除哪些结构，并且可以立即调整绘图，以便所有面都是最佳可见的。因此避免了后来识别出的结构在野外素描中被强制添加的典型做法。文献中的一些地质立体图最初是在A0图幅内创建的，并且为发表而大大缩小（Voll，1963，1976；Nabholz & Voll 1963）。上述就是如何创建具有最好线宽的地质立体图，其中包含了大量细节。

然而，这些大量细节也可能是一个缺点，导致最大限度地表示出所有的结构的愿望与读者要求图件清晰、简洁的愿望相冲突。正如美丽和审美上复杂的表现形式一样，当有疑问时，简洁和由此产生的可理解性才是首选。

尽管地质立体图包含比三维岩石样本或露头绘图更大的区域，但是不需要进一步减少结构或简化。即使跨越的尺度范围更大，但地质立体图仍以不同的比例尺创建，并且是露头草图的简化。它应该描绘主要结构，但这些结构不一定是主要的区域构造。重要的不是结构的大小，而是它的意义。

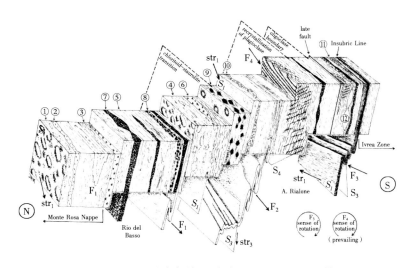

图5.1　Val Loana（意大利西阿尔卑斯山）以西的Ivrea带和
Monte Rosa推覆体之间的Sesia带的南北向地质立体图

它的总长度约为5km，示意性地表示了该区域的主要岩石类型和结构；立体图被构建为伸长的梯队块，梯队块的每个板包括一个到几个岩石单元；这些板块倾斜并相互错开，使得三个正交面同等可见；褶皱层向下延伸以显示褶皱轴的方向；为了避免因标注而使得立体图过于繁杂，在另外的文本中描述不同编号的岩石类型；该文本中还包括变形构造的方向；斜长石和钾长石重结晶开始的平面，以及绿泥石—十字石过渡的面代表了变质作用最高温度的空间分布；另外，表现了第3和第4期变形褶皱的大致感觉，因为它不能从图中轻易地推断出来；为了更好地表明立体图的地理位置，给出了一条小河和一座高山的位置；原图约A3大小

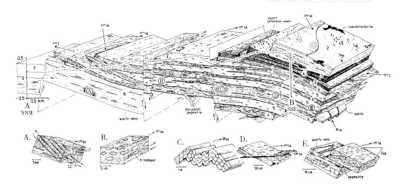

图5.2　通过卡拉布里亚（意大利）海西期下部大陆地壳北缘和北部
相邻的Castagna单元的含化石地层的北—北西—南—南东向地质立体图

立体图的构建始于A–B剖面，基于地面地质，全面显示了地表形态及岩石单元1~6的真实厚度和方向；绘制的岩石结构是示意性的且不是按比例绘制的；按不同密度绘制岩石结构，会导致岩石的外观呈现出不同暗度，大致类似于它们在自然界中的相对明暗对比；在第二步中，剖面扩展到三维梯队块，允许表示面状结构（层理、页理面）和褶皱在三维中的方位；最重要的是，不同变形事件的线理（其平行于不同的片理）的不同方向能在单个板的面上显示出来；为了更清楚地表示小尺度的结构，将示意性的岩石样本和露头图置于立体图下方；这些图显示出了由于岩层厚度限制而无法在立体图中表示的结构；标注保持在最低限度以保持立体图的清晰度，且所有必要的附加信息在随附文本中给出；该地质立体图以相对简单和富于启发的方式展示了该区域的复杂变形历史，以及众多不同尺度的岩石结构；剖面A–B的位置标记在地质图中，原图约A3大小；黑色墨水笔，线粗0.25mm；基于未发表的资料（Kruhl，1996）

5.2　方向与延伸

　　地质立体图几乎总是用于表示明显的纵向延伸的地质区域。在由板块或大陆地壳碰撞产生的所有带中都是如此：山脉、俯冲带、剥蚀区、断裂带、火山带等。在这些带中，地质立体图横穿层状构造走向，并跨越几百米到几千米的距离。图块的高度和宽度取决于要表示的结构细节的数量。通常，立体图的高度与其宽度大致匹配。在最简单的情况下，每个图块都代表一个岩石单元，它们串在一起并像梯队一样相互错开。为了获得更好的可视性，下面分别绘制结构。在某种程度上，地质立体图不仅仅是一个扩展的梯队块（图5.1）。

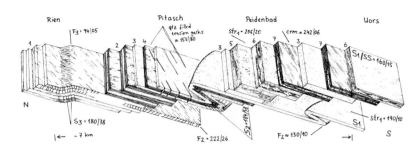

图5.3　来自Gotthard地块东部（瑞士Valser Rhine山谷）
二叠系—三叠系盖层的南北向地质立体图

部分基于图4.33至图4.36构建；尽管出露间隙较大，但立体图是连续的，以便压缩绘
图、说明层的大致方向呈现结构样式的一致性；标注减少到最低限度；不同的岩石类
型用编号标记，并在附带的文本中对各类型进行了解释；通常，立体图需要详细解释；
为了更好地定位立体图，标出了4个小镇的位置；因此沿南—北走向中，结构和岩性在
空间上的部分系统性变化（如第一期拉伸线理str1）就一目了然；立体图表示的总长度
为7km；原图约A3大小

与岩石样本或露头素描相比，更大的立体图可以与区域的大规
模形态相关联。因此，第一步，可以构建具有真实长度、厚度和表
面形态的地质剖面，显示岩层或岩石单元的真实厚度和形状；第二
步，将剖面扩展到具有无比例尺的立体图特征的三维和梯队块，如
放大小尺度的结构或将面状结构向块外延伸（图5.2）。如此，便保
留了与真实地质情况更紧密的联系。

如果所表示的带包括许多露头间隙，则它们不能全部出现在地
质立体图中。如果仅仅是不同结构和岩石的表示才是重要的，并且
它们的序列与解释无关，那么这些结构可以无间隙地串在一起。这
也增加了表示的清晰度。位置或显著地点的详述有助于对地质立体
图的各个部分进行地理归位（图5.3）。

有时，在各个板的平面上广泛显示不同的结构，这些面的较
大区域可以通过各个板在水平方向而不是垂直方向的错开而可见
（图5.4）。这种表示的副作用是地质立体图不是横向伸展，而是以

节省空间的方式平行素描区的长边伸展，并且所有三个正交块表面具有同样良好的可见性。

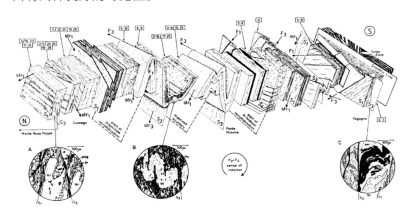

图5.4　位于Ivrea带和Monte Rosa推覆体（意大利西阿尔卑斯山）
之间的Val d'Ossola的Sesia带的近南北向地质立体图

它涵盖的总长度约为7 km，并示意性地表示了该带的主要岩石类型和结构；立体图被构建为扩展的梯队块，每个板代表一个岩石单元；这些板彼此垂直和横向错开，使得三个正交表面都同样地面向观察者；大多数平直的表面都清晰可见，因此可以清楚地看到线理和褶皱脊部，且不需要将页理面和褶皱层从板内向外延伸描绘；给出了特定位置基体的钙质含量（钙长石含量）和斜长石的重结晶颗粒；斜长石和钾长石重结晶开始的面及钠钙长石的边界表明最高变质温度向北增加，并揭示了其空间分布；立体图表明这些朝北倾的面比层的倾斜更平缓；为了避免立体图的过度标注，变形结构的方向在附加文本中与不同岩石类型的名称一起示出；此外，还给出了第3期和第4期变形褶皱的大致迹象，因为它不能从图中轻易推断出来；立体图中3张典型的岩石切片补充表示了较大的结构；因此，立体图涵盖的尺度范围从微米到千米；标出了3个地点以更好地定位立体图；原图约A2大小；据Altenberger等（1989年）修改

如果要在地质立体图中表示那种不仅在水平方向上延伸，而且也在深度方向上延伸的结构，则必须相应地调整图的形式，结果就是用相当不规则的块来表示结构，以适合其轮廓。通常的梯队块绘图利用相互错开的板，将结构从板内向板外侧向或向下延伸绘制或通过图的向后延伸来补充，通过向后延伸可以看到其他不同方向的结构（图5.5）。例如，当处理圆形体（如具有接触变

质带的深成岩体）时，可以切开单个部分，以便可以瞥见单个层，并彻底看到不同方向的结构（图5.6）。这样的表示与野外地质体的形态和外观无关，但它们以简洁的方式揭示结构的性质、空间变化和顺序。

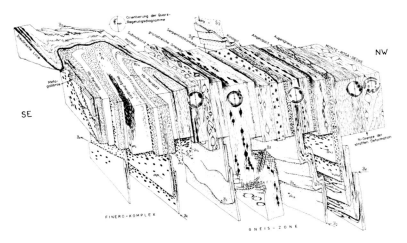

图5.5　通过Finero超基性岩浆杂岩且北接Sesia带
（意大利西阿尔卑斯山）的北西—南东向的地质立体图

褶皱层向岩块的下面和侧面延伸绘出，以显示褶皱轴和线理的方向；立体图的东南部延伸到西南部，以显示Finero杂岩末端的大折叠；为了增加Finero杂岩内部的对比度，除描绘了单个糜棱岩带（黑色）和褶皱弯曲中的片理（短划线）之外，还只对辉长岩（不对橄榄岩）层充填了内部结构；内部结构仅填充到能突出不同岩石特征为止；相比层厚而言，晶体被极大地放大以显示其典型的形状；对一些岩石给出了石英c轴方向的图表；不同结构的方向没有附加到立体图上，而是包含在附带的文本中；SE—NW方向延伸的立体图的总长度给4km；原图约B3大小（据Kruhl，1979修改）

　　即使在大而紧凑的地质立体图中，复杂的褶皱构造及决定其方向的褶皱轴也难以表现充分。如果想要得到不同方向和不同区域的清晰视图，整个图必须尽可能"松散"。如果仅绘制几个薄层并且有必要用空白空间隔开，这种最好实现。同样，褶皱中小空间上的变化可以用这种方式表示。在这种类型的表示中，素描明显地在深度方向上增长或垂向延伸。通过岩层和褶皱的松散堆叠，出现许多可视面，并创建出一些表现不同结构（如表现褶皱轴的空间变化）的途径（图5.7）。这种复杂的地质立体图的败笔是显而易见的：素描可能会因太多细节而变得繁杂，导致读者要识别其中的结构、理解结构间的关系很是繁重，通常给人以一种综述"地质上发生的事情"的感觉。

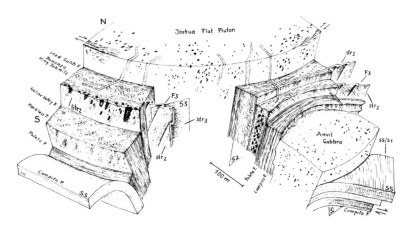

图5.6　Joshua深成岩体平原、Anvil辉长岩和变质沉积岩夹层
[（据Kruhl，1991，1992）；（加利福尼亚州的Inyo山脉）的示意
地质立体图据野外素描编辑]

立体图用于说明在两个深成岩侵位期间，变质沉积岩的强烈变形；深成岩体的圆状及其相对位置需要用"分支"状的立体图来表现；这种敞开的结构可以很好地同等显示三个正交的主要结构平面；它还有助于将褶皱层从块中向外延伸绘制，并指示褶皱轴的方向；不同岩层的阶梯式布置产生了与主要片理平行的额外的表面，特别适用于表示不同方向的线理；两个深成岩体中罕见的结构只在必要时绘制；相比之下，变质沉积岩则完全充满内部结构，以充分表现众多不同的结构；那些结构给出了标注，否则其表示将引起歧义；100m的刻度仅用于变质沉积岩的厚度；这些岩石的内部结构大幅度放大，仅示范性表示；岩石单元的名称附在立体图的不同板上，这在示意性的简化立体图和该地区相对精确的地质图之间架起了一座桥梁；原图为A3大小

5.3 附件及标注

与岩石样本和露头图相比，地质立体图必须配备超出图的更多信息。图的简化越强，通过它们的形状和内部结构在更大尺度上确定地识别结构和岩石就越困难，并且更重要的详细和清晰的标注就变得更加重要。但是，这可能会很快导致图件过载，如岩石名称等。通过编号和移动标注到图名可以很容易地避免这种情况（图5.1）。即使这样，基本结构也应保留标注，以保持图的良好可读性。如果立体图覆盖多个地质单元，这些单元的边界当然应在立体图中标注出来，以对立体图分区（图5.1，图5.4）。

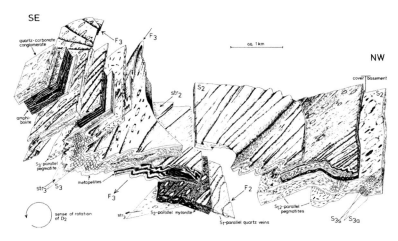

图5.7　北东—南西向长约7km的前寒武纪基底（上覆Helgeland杂岩）
地质立体示意图（据Kruhl，1984修改）

位于Grong西北部的，介于Terråk和Leka（挪威北部第65个纬度圈）之间；主要构造包括km级至100m级的褶皱，并具有不同的褶皱轴方向，且部分褶皱轴方向明显不同；为了表明褶皱的形状和轴的方向及不同的线理，仅绘制单个岩层，且部分相互抬起；线理也有助于突出褶皱的三维形状；另外，表现出了第二期变形事件大体的褶皱迹象，因为其难以从图中轻易推断出来；不同结构的方向包含在随附文本中；原图约A2大小地质立体图跨越的距离比岩石样本或露头素描图明显更大。这也意味着在小范围内不会出现的岩石性质的变化在地质立体图中倒可以看到。例如，变质岩中的变质程度，还有沉积岩中相的变化，或者大型侵入体中的化学和矿物学变化。通常，这些信息不能以图形方式表达，相反，主要以数字表示。例如，变质程度的变化可以反映在斜长石中钙含量（钙长石含量）的变化中（图5.4）。

然而，矿物反应的出现，或不同矿物共生的分布之间的界线，可以以线或面的形式融合到地质立体图中（图5.1和图5.4）。如果已知界线的三维方向，则它们可以结合岩层或结构的方向，提供地质立体图中所描绘区域的变形和变质历史的有价值信息。在具有不同变形阶段的基底中，明确不同褶皱事件的旋转方向可能是有用的（图5.1，图5.4）。

甚至图表也可用于增加地质立体图的信息量。如果正在测量矿物的晶体排列，则将图表匹配到所测样品的位置，并将其相应地聚合到立体图中是有意义的（图5.8）。如果空间允许，可以将图表插入到图中，且如果可能的话，将它们的方向与结构的方向相匹配（图5.5）。如果图表的方向也是基于结构的方向，有经验的观察者可以直接获得进一步有价值的信息，如关于剪切的迹象。

为了精确表示小型结构，将薄片图结合到地质立体图中是有意义的（图5.4）。如果素描提供了因立体图的比例而无法以图形方式描绘的重要信息，那么这样做是值得的。原则上，对附加信息的结合是没有限制的，特别是图形信息，如果它提供了结构或其他岩石属性的大规模三维变化的证据，那么应当直接插入地质立体图中。

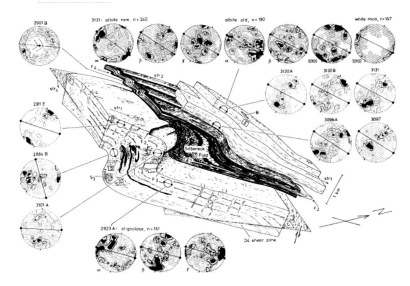

图5.8　Silbereck序列（具有大的D₃ Silbereck褶皱）
及与海西基底毗邻的片麻岩的示意性地质立体图[（据Kruhl，1993修改）
Tauern构造窗东北缘（东阿尔卑斯山，奥地利）]

与它们在野外的外观相反，变质沉积岩保持暗色，以突出片麻岩内的薄层和褶皱的形状；变形事件D₁至D₄的结构仅在局部绘制；黑云母晶体集合体的方向（短笔画）指示了片麻岩中D₁和D₄线理的方向；除岩性和结构外，还表示出石英、斜长石和白云母的优先结晶方向，这优先结晶方向与Silbereck褶皱周围的不同构造位置有关；图表的位置依据与其相关的岩石中的构造（页理、线理）的方向而定；像一些较小的D₂褶皱一样，千米级规模的Silbereck单斜褶皱记录了D₃期间从顶部到ENE的传送；大写字母指的是薄片照片的位置；立体图基于许多露头图和测量值构建；Km级用于层厚；原图约A3大小

5.4　数字处理

　　适用于岩石样本和野外素描的方法也适用于生成地质立体图。具体而言，用于出版的演示文稿要求图件清洁和清晰，这可以从数字处理中受益。通常不需要对立体图的各个区域进行着色或用不同的灰度填充它们，但是，以这种方式填充各个层代表了以一种简单有效的方法来提高立体图的清晰度和可读性，而手绘立体图

是难以实现的。因此，同样可以组合两种方法的优点。手动生成和数字处理的地质立体图的良好示例可以在文献中找到（v.Gosen，2002,2009）。

5.5　总结

（1）根据野外三维素描的相同规则，较大区域的结构可以组合起来以创建地质立体图；

（2）地质立体图的目的是显示较大区域的地质结构，并阐明远距离内岩石和构造的变化；

（3）当描绘复杂且具有很多小型结构的大地质立体图时，可以构建为开放且形状不同的块；

（4）与露头素描一样，地质立体图也针对不同的尺度创建，只是尺度跨越了相应更大的区域；

（5）地质立体图必须比野外素描标注更广泛；

（6）微结构的图示和其他岩石属性的资料应作为重要的附加信息直接合并到地质立体图中；

（7）地质立体图应详细但不能太复杂。

参考文献

Altenberger, U., Hamm, N. and Kruhl, J.H. (1987). Movements and metamorphism north of the Insubric Line between Val Loana and Val d'Ossola, N.Italy. *Jahrbuch der Geologischen Bundesanstalt Wien*, 365−374.

De Römer, H.S. (1961). Structural elements in southeastern Quebec, northwestern Appalachians, Canada. *Geologische Rundschau*, 51, 268−280.

Geikie, A. (1893). *Text−Book of Geology*, 3rd edition, MacMillan & Co., 1147 pp.

Gosen, W. von (1982). Geologie und Tektonik am Nordostrand der Gurktaler Decke (Steiermark / Kärnten – Österreich). *Mitteilungen aus dem Geologisch-Paläontolo*gischen *Institut der Universität Hamburg*, 53, 33–149.

Gosen, W. von (1992). Structural Evolution of the Argentine Precordillera: the Rio San Juan section. *Journal of Structural Geology*, 14, 643–667.

Gosen, W. von, Buggisch, W. and Dimieri, L.V. (1990). Structural and metamorphic evolution of Sierras Australes, Buenos Aires Province, Argentina. *Geologische Rundschau*, 79, 797–821.

Hagen, T. (1969). *Report on the geological Survey of Nepal, Volume 1 – Preliminary Reconnaissance, Denkschriften der Schweizerischen Naturforschenden Gesellschaft LXXXVI/1, reprinted by Nepal Geological Society*, 2013, 199 pp.

Heim, A. (1919–22). *Geologie der Schweiz*, 2 Vol., Tauchnitz, Leipzig.

Heim, A. (1921). *Geologie der Schweiz*, Vol. II –1, Tauchnitz, Leipzig, 476 pp.

Holdsworth, R.E. and Roberts, A.M. (1984). Early curvilinear fold structures and strain in the Moine of the Glen Garry region, Inverness-shire. *Journal of the Geological Society London*, 141, 327–338.

Kruhl, J.H. (1979). *Deformation und Metamorphose des südwestlichen Finero-Komplexes (Ivrea-Zone, Norditalien) und der nördlich angrenzenden Gneiszone*, Doctoral Thesis, The Faculty of Mathematics and Natural Sciences, Rheinische Friedrich-Wilhelms-Universität Bonn, 142 pp.

Kruhl, J.H. (1984a). Metamorphism and deformation at the northwest margin of the Ivrea Zone, Val Loana (N. Italy). *Schweizerische mineralogische und petrographische Mitteilungen*, 64, 151–167.

Kruhl, J.H. (1984b). Deformation and metamorphism at the base of the Helgeland nappe complex, northwest of Grong (Northern Norway). *Geologische Rundschau*, 73,735–751.

Kruhl,J.H. (1993). The P–T–d development at the basement-cover boundary in the north-eastern Tauern Window (Eastern Alps): Alpine continental collision. *Journal of metamorphic Geology*, 11, 31–47.

Matter, A., Homewood, P., Caron, C., Rigassi, D., Stuijvenberg, J.van, Weidmann, M. and Winkler, W. (1980). Flysch and Molasse of Western and Central Switzerland, in: R. Trümpy (ed.), *Geology of Switzerland − A Guide− Book, Part B*, Geological Excursions, 261−293.

Nabholz, W.K. and Voll, G. (1963). Bau und Bewegung im gotthardmassivischen Mesozoikum bei Ilanz (Graubünden). *Eclogae Geologicae Helvetiae,* 56/2, 756−808.

Passchier, C.W., Urai, J.L., Van Loon, J. and Williams, P.F. (1981). Structural geology of the central Sesia Lanzo Zone, Geologie en Mijnbouw, 497−507.

Peach, B.N. and Horne, J. (1914). *Guide to the Geological Model of the Assynt Mountains*, Geological Survey and Museum, H.M.S.O., 32 pp.

Ramsey, J.G. (1967). *Folding and Fracturing of Rocks*, McGraw−Hill, 568 pp.

Staub, R. (1924). Der Bau der Alpen, *Beiträge zur Geologischen Karte der Schweiz*, N.F. 52, Bern.

Stephenson, D. and Gould, D. 1995. *The Grampian Highlands*, 4th edition, British Regional Geology, British Geological Survey, HMSO London, 261 pp.

Trümpy, R. (1980). *Geology of Switzerland − A Guide−Book, Part A: An Outline of the Geology of Switzerland, Schweizerische Geologische Kommission*, Wepf & Co. Publishers, 104 pp.

Vogler, W.S. (1984). Alpine structures and metamorphism at the Pillonet Klippe − a remnant of the Austroalpine nappe system in the Italian Western Alps. *Geologische Rundschau*, 73, 175−206.

Vogler, W.S. and Voll, G. (1981). Deformation and metamorphism at the south− margin of the Alps, east of Bellinzona, Switzerland. *Geologische Rundschau,* 70, 1232−1262.

Voll, G. (1960). New work on petrofabrics. *Liverpool and Manchester Geological Journal*, 2, 503−567.

Voll, G. (1963). Deckenbau und Fazies im Schottischen Dalradian.*Geologische Rundschau,* 52/2, 590−612.

Voll, G. (1976b). Structural studies of the Valser Rhine valley and Lukmanier region and their importance for the nappe structure of the Central Swiss Alps.

Schweizerische mineralogische und petrographische Mitteilungen, 56, 619−626.

Voll, G. (1983). Crustal xenoliths and their evidence for crustal structure underneath the Eifel volcanic district, in: *Plateau Uplift*,K. Fuchs et al. (eds.), Springer.

Wagenbreth, O. and Steiner, W. (1990). Geologische Streifzüge, 4th edition, *Deutscher Verlag für Grundstoffindustrie,* 204 pp.

第 6 章

解决
方案

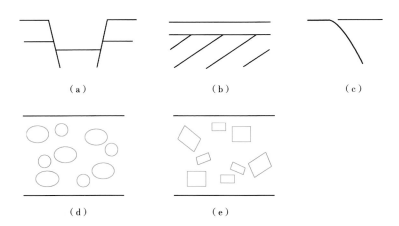

（a）　　　　　　　　（b）　　　　　　　　（c）

（d）　　　　　　　　（e）

　　实例1.2（a）地堑：地堑构造的上部清楚地描绘了它的特征。七条短而直的笔画足以满足象形图。地堑的两条正断层通常是铲状的，并且与更深处的水平剪切面合并，这一事实不需要表现出来，否则会导致草图过度拥挤。水平双线很重要，因为它们表示了地堑中岩层的下陷。（b）不整合：表示成几套倾斜层仅被一套水平层覆盖就足够了。（c）俯冲：通过俯冲带的横截面的表示，在许多时候总是按照相同的模式出现在文献中。因此，两条线足以描绘俯冲板及其盖子，几乎没有别的象形图如此简单却仍然如此富有表现力。（d）砾岩：除了椭圆表示的卵石之外，即使砾岩不典型，也需要限定层边界。没有边界，草图就说明不清楚。卵石的数量可略低一些，重要的是砾径的分布，而不是砾径本身，这能使草图更自然。（e）斑状花岗岩：斑晶由矩形表示。除此之外，同样适用于砾岩的原则：明确的层边界是必要的。

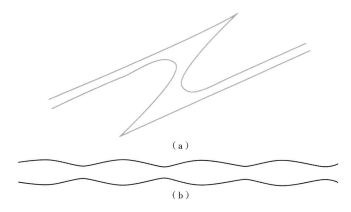

（a）

（b）

实例1.6（a）解决方案提供了两个强烈褶皱层的印象：位于另外两个层之间的薄弱层在外侧具有一个点，在内侧具有柔性弯曲。（b）强度略有差异导致只有轻微的石香肠构造及适当柔和弯曲的层边界。

（a）

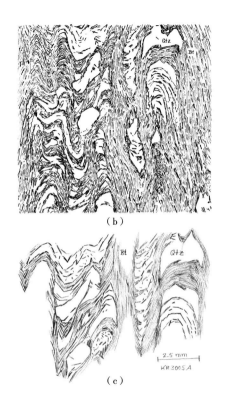

（b）

（c）

　　实例2.1（a）为了表示出褶皱，以短线标示选定的黑云母晶体的纵向面就足够了。为了描绘褶皱峰，那里的线条更加紧密。石英区域保持空白，而从黑云母中析出的矿物由较粗的线条表示。（b）黑云母层中较高的线密度刻画了黑云母片的扭曲和收缩，并增强了与石英区域的对比度。此外，它还更好地突出了岩石的薄层结构。（c）即使是快速草绘也应该展示黑云母和石英层之间的对比，并强调黑云母层的扭折。然而考虑到节省时间，用较长的实线表示黑云母，即使草图不完整也足够了。

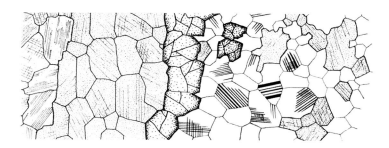

实例2.2　可以毫无问题的展示4种矿物之间的对比。石榴石（边部点更密）、辉石或角闪石和斜长石的线粗细足够不同。通过密集的内部打点（模仿其固有的颜色），使得角闪石进一步区别于辉石。一些晶体，其解理面之间的角度是典型的角闪石和辉石特征，更加增强了彼此差异。具变形双晶纹理，是变质岩中斜长石的另一个典型特征。

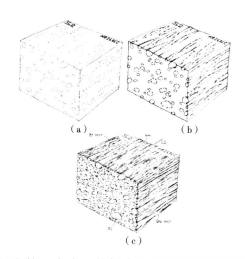

实例4.1（a）在第一步中，将样本的轮廓略微透视地绘制为矩形块，并用虚线标示出长石棒的轮廓。出于逻辑原因，在矩形块的面被充填内部结构之前先行标注。（b）将选择的长石棒从块面上略微

凸起，且以短线表示的阴影有助于增强绘图的三维外观，这些短线也代表重结晶的黑云母斑点。(c)在最后一步中，主要是对长石棒的横截面添加内部结构，这还有助于突出弱的页理及同样弱的第一期页理的开放褶皱。同时，为避免过度填充，未表示出细粒基质。